U0287491

全球碳中和进展评估

——指标、方法与应用

■ 王 灿 张诗卉 蔡闻佳／著

科学出版社

北京

内 容 简 介

实现碳中和，推动低碳转型已成为全球趋势。截至 2023 年 9 月，全球已有 150 多个国家做出了碳中和承诺，覆盖了全球 80% 以上的二氧化碳排放量、GDP 和人口。本书引入了人均排放和历史责任等视角来评估全球 197 个国家的碳中和目标力度，充分考虑不同排放空间分配方案。从目标、技术、气候投融资和国际合作四大维度共计 54 项分类指标综合追踪各国碳中和进展，并在此基础上构建"目标—政策—行动—成效"的量化评估体系，破除了当前全球碳中和进展盘点中广泛存在的"唯目标论"。本书全面、系统地呈现了评估全球各国碳中和进展所需的数据、指标体系与方法学，并提供了追踪全球碳中和行动进程的应用案例，展现了示范案例，为克服全球关键技术和政策障碍提供借鉴，是一份深入、全面反映全球碳中和进展的"说明书"。

本书可供"双碳"相关领域的产业、科研、政策、新闻等从业者定量了解全球碳中和与低碳转型的最新进展和相关的主流数据来源与评估方法。

图书在版编目（CIP）数据

全球碳中和进展评估 ：指标、方法与应用/王灿，张诗卉，蔡闻佳 著. -- 北京 ：科学出版社，2024.12. -- ISBN 978-7-03-080255-2

I. X511

中国国家版本馆 CIP 数据核字第 2024SJ4002 号

责任编辑：陈会迎/责任校对：贾娜娜
责任印制：张　伟/封面设计：有道设计

科 学 出 版 社 出版

北京东黄城根北街 16 号
邮政编码：100717
http://www.sciencep.com

北京中科印刷有限公司印刷

科学出版社发行　各地新华书店经销

*

2024 年 12 月第 一 版　开本：720×1000　1/16
2024 年 12 月第一次印刷　印张：10 1/4
字数：205 000

定价：152.00 元
（如有印装质量问题，我社负责调换）

前　言

全球气候变化是 21 世纪人类面临的最为严峻的挑战之一，极端气候事件的频发给生态、经济和社会带来了深刻的影响。为了应对这一全球性危机，世界各国纷纷承诺通过碳中和实现温控目标。《巴黎协定》明确提出，全球需在 21 世纪下半叶实现温室气体的净零排放，这一目标为全球气候治理指明了方向。

然而，碳中和的实现不仅是一个技术性挑战，还涉及经济、社会和政治等多维度的深刻转型。全球零碳转型趋势正在持续深化，截至 2024 年 5 月，全球已有 151 个国家提出碳中和目标，包含 1 个提出负碳目标和 2 个提出减排 95% 的国家；所有缔约方均已出台了应对气候变化的相关法律；《联合国气候变化框架公约》第二十八次缔约方大会（COP28）提出了到 2030 年将全球可再生能源装机容量增长至 3 倍的目标；COP29 达成了新气候融资集体量化目标。实现碳中和将推动全球经济从资源依赖型逐步转向能源技术依赖型。然而，尽管以可再生能源技术为代表的低碳技术加速部署为全球碳中和目标的实现提供了希望，但是各国在实际进展上仍面临许多挑战，亟须加速目标落实、政策出台、技术研发、资金投入和国际合作等方面的进程。

本书旨在为全球碳中和进程提供全面而系统的评估框架，详细阐述如何通过指标体系、评估方法以及应用案例来量化和追踪各国在碳中和目标上的进展。书中通过引入人均排放和历史责任等视角，结合不同排放空间分配方案，评估了全球 197 个国家的碳中和目标设定与实际进展。特别地，本书提出的"目标—政策—行动—成效"四维度量化评估体系，突破了当前全球碳中和评估中普遍存在的"唯目标论"模式，为全球碳中和进展的评估提供了更加全面、科学的视角。

全书分为 6 章。第 1 章绪论介绍了评估全球碳中和进展的背景与意义，概述了碳中和目标的紧迫性与全球应对气候变化的路线图。第 2 章和第 3 章阐述了如何建立碳中和目标的评估指标体系与度量方法，提出了全球碳中和目标雄心和公平性的评估模型，并对碳排放权分配的公平性问题进行了重点分析。第4章和第5章通过实际案例应用评估方法，分别探讨了各国碳中和目标与政策的制定与实施、零碳行动的推进及减排成效，分析了全球碳中和进展的现状与挑战。第6章总结了分析结论，并对全球碳中和进程中的关键议题进行了专题探讨，提出了未来的政策建议和应对路径，重点探讨了技术创新、国际合作和公平性等关键问题的解决方案。

本书不仅为科研人员提供了量化评估全球碳中和进展的工具，也为政策制定者、产业界及公众提供了深入理解碳中和行动现状的框架。通过本书，读者将能够了解全球碳中和进展的评估方法，以及基于最新数据评估得出的各国碳中和行动亮点与挑战，最终获得如何加速全球绿色低碳转型等方面的启示。

本书提出的评估方法自2023年以来已在全球碳中和进展年度评估中得到应用，并在两年来的实践过程中进行了更新与优化，形成了系统、全面、公开的成果。这些成果包括2023年和2024年相继发布的《全球碳中和年度进展报告》中英文版及其网站（https://www.cntracker.tsinghua.edu.cn/）。网站提供分国别和专题的碳中和进展可视化内容，同时汇集了报告、观点、案例和新闻等丰富成果。英文版报告分别在COP28和COP29的中国角现场成功发布，收到了积极反响。此外，本书研究团队通过多种渠道，包括新媒体、纸媒等，发布了基于报告评估结论的十余篇观点文章。截至2023年底的相关成果已汇总在本书第6章，并在世界经济论坛上发布了"公正转型"知识图谱。所有相关成果均可通过全球碳中和进展追踪网站便捷获取。

本书的顺利完成离不开众多专家和研究人员的辛勤付出。感谢清华大学的李明煜、董馨阳、李晋、夏成琪、谢璨阳、范淑婷、张尚辰、安康欣、戴静怡、宋欣珂、沈鉴翔、关钰生、孙若水、程浩生、李瑞瑶、张倩、周嘉欣、雷名雨、陈抒杨、宫再佐、刘源、郭凯迪、张天翼、叶文鑫、王艺轩、刘润东、杨敬言、侯丽婷、徐启轩、潘晨瑜、汪怿阳、武子皓、何天怡、林子逸、王成思宇、王名语等同学，感谢腾讯团队的许浩、翟永平、吕学都、戴青、杨江波、周滢垭、于冰清、杨沁菲、姜天宇等，他们对完成本书撰写给予了直接支持。感谢曹颖、陈志华、陈敏鹏、陈济、高翔、侯芳、何东全、刘强、梁希、蒋佳妮、马佳、孙新章、谭显春、王谋、王克、张贤、张九天、张为师、赵静、仲平等专家，在本书撰写过程中提供了宝贵的意见与指导。当然，书中难免存在疏漏之处，敬请广大读者批评指正。

　　本书的出版得到了国家自然科学基金专项项目（72348001、72140002）、教育部哲学社会科学研究重大课题攻关项目（23JZD042）的资助，以及腾讯可持续社会价值事业部（Sustainable Social Value Organization，SSV）碳中和实验室提供的技术支持，在此一并致谢。

目　录

方　法　篇

应　用　篇

观　点　篇

第1章 绪 论

1.1 背 景

气候变化已成为 21 世纪人类面临的最严峻挑战之一。全球平均温度持续上升，随之而来的冰川融化、海平面上升，以及洪水、干旱等极端气候事件的频繁发生，对人类的生存环境、经济发展、能源安全、粮食安全和健康福祉等都产生了不可忽视的威胁。为了积极应对气候变化的风险，达到《巴黎协定》下将全球温升控制在 2℃/1.5℃ 的目标，各国亟须采取行动削减人为源碳排放，同时增强自然或人工吸收温室气体的能力，以实现碳排放与碳吸收的平衡，即碳中和。

截至 2023 年 9 月，全球已有 150 多个国家提出碳中和目标，并有部分国家出台了具体的政策和行动计划，以确保承诺得以付诸实践，最终转化为碳排放净削减的成效。这些政策和行动涵盖了各个领域，从能源转型到森林管理，从交通系统到农业实践。这些国家不仅关注国内的减排努力，还积极参与国际合作，共同应对全球气候挑战。2023 年《巴黎协定》下的首次全球盘点系统评估了各国气候行动的全面进展。全球盘点不仅会关注各国减排目标的达成情况，也将审视各国政策与行动的有效性，以及这些行动是否足以应对气候变化带来的各种挑战。因此，各国碳中和承诺下的政策与成效将会受到密切关注。

碳中和目标引领下的零碳转型将带来广泛而深刻的社会变革，涵盖各国政策导向、产业技术布局、投融资和国际治理方面的新动向。一方面，碳中和可以推动绿色技术创新、创造就业机会、改善能源安全。另一方面，碳中和进程也会带来产业结构调整与转移、社会公平、国际治理博弈等挑战。识别这些机遇与挑战对于加速全球气候治理进程、实现公正转型至关重要。

为了系统地追踪全球各国的碳中和承诺与行动，多个国际知名研究机构发布了多份报告，对各国的净零排放目标进行了详尽的分类和统计，包括目标的时间表、涵盖范围、法律地位等信息。这些报告还对各国的减排力度进行了评估，为全球应对气候变化提供了重要参考。然而，现有的报告也存在一些不足之处。首先，在评估各国减排力度时，所使用的碳排放空间分配原则没有充分体现人均公平、历史责任和减排能力等因素。其次，在追踪国际碳中和进展时，过于强调目标本身，而忽视了实施目标所需的具体政策和行动。现有的报告在行动追踪方面主要采用定性描述，缺乏客观、系统和一致的评价指标体系，无法清楚地反映各国的实际进展。再次，在分析支撑零碳转型的政策规划时，对于技术创新和资金投入等关键问题的评估不够深入，同时对于国际合作方面的问题也关注不足。最后，在覆盖范围上，现有的报告主要集中在 G20 国家和部分新兴经济体，对于其他国家和地区的碳中和进展缺乏全面的了解。

1.2 内容与意义

本书聚焦于全球碳中和进展，从目标、政策、行动和成效四个方面，对 197 个国家的碳中和转型进行了全面、深入的盘点和评估。本书不仅关注各国碳中和目标的力度，还引入了人均排放和历史责任等视角，以更公正地反映各国在应对气候变化方面的贡献。本书不仅关注各国碳中和目标的制定，还关注各国为实现碳中和目标而采取的政策措施、零碳行动和减排成效，以更全面地展示各国在碳中和转型中的"言行一致"程度。本书基于大量的统计和文本数据，构建了"目标—政策—行动—成效"指标体系（图 1-1），对各国碳中和进展进行了定量化的分析，并结合模型评估和案例研究，为全球碳中和进展提供由点及面"进展说明书"。本书旨在为全球了解碳中和进展提供更多信息，为克服关键技术和政策障碍提供更多参考，为弥合全球碳中和进展与《巴黎协定》温升控制目标的差距提供更多建议。具体而言，报告将回答以下五个问题：①全球碳中和目标的制定进展如何？各国碳中和目标的力度如何？②各国为实现碳中和目标而出台了哪些政策措施？开展了哪些零碳行动？③各国在碳中和转型中取得了哪些减排成效？在目标、政策、行动和成效之间存在哪些差距？④各国在碳中和转型中表现出哪些特点？是否"言行一致"？⑤全球碳中和进展有哪些成功经验和不足之处？需要在哪些方面进行改进？

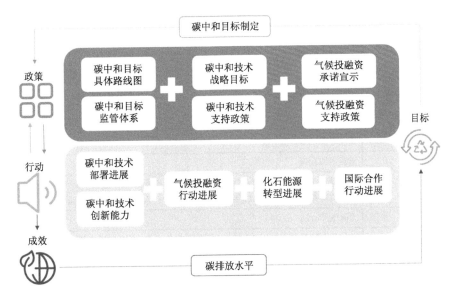

图 1-1　本书的分析框架

　　本书综合了来自国际机构、行业和区域统计年鉴、行业报告、政府网站、专利数据库、科研数据库、多边机构数据库等多种来源的统计和文本数据，构建目标、技术、气候投融资和国际合作四大维度共计 54 项指标、169 项终端数据的数据库，全面、系统追踪各国碳中和行动的进展。为了更好地定量评估各国碳中和进展，本书构建"目标—政策—行动—成效"指标体系（图 1-1），将上述数据库的指标归一化后加权汇总形成四项百分制分数，分别表征各国在目标制定、政策设计、零碳行动和减排成效上的成就。其中，目标类指标分数满分代表最理想的状况；政策和行动类指标分数满分代表目前全球最领先国家的进展；成效类指标分数满分代表考虑各国减碳难度差异后全球碳减排进度或速度最领先国家的进展（表 1-1）。数据库以及指标体系详见第 2 章。全球碳中和目标的雄心与公平性评估模型评述与本书所使用模型见第 3 章。目标与政策的评估详见第 4 章。行动与成效的评估详见第 5 章。同时，上述评估的结论和对全球碳中和进展中的关键议题的讨论见第 6 章。

表 1-1　各国碳中和进展指数量化标准

指标类型	分数	分数含义和示例
目标	100	最理想的状况：例如，碳中和承诺覆盖全部的温室气体；达峰年份和碳中和年份差距为 10 年及以下
	0	无碳中和承诺
政策	100	目前最佳实践国家的进展：例如，各类碳中和技术均有支持政策出台；有气候相关金融风险评估和披露制度
	0	无碳中和政策
行动	100	目前最佳实践国家的进展：例如，每单位碳排放量对应的电动汽车保有量全球第一；每单位碳排放量对应的 CCUS 项目数全球第一；人均绿色债券发行量全球第一
	0	无碳中和行动
成效	100	考虑各国降碳难度差异以后的最佳实践国家的进展：例如，历史最高碳强度是全球平均水平 3 倍的国家碳强度下降幅度超过 80%；碳强度的年平均下降速度满足碳中和目标的需求
	0	碳强度不变或上升

注：CCUS 全称是 carbon capture,utilization and storage，碳捕集、利用与封存

方法篇

第2章 指标体系与度量方法

为破除碳中和进展盘点的"唯目标论"，本书建立了包含全球碳中和目标、政策、行动与成效四大专题的指标体系，从目标、技术、气候投融资和国际合作四大维度评估了 54 项分类指标，见表 2-1，对各国碳中和进展进行追踪盘点。为全面、系统、一致、客观地对各指标加以定量评价，本书确定如下系统性评估框架开展碳中和进展评估，包括指标体系建立、度量方案确定、多源数据筛选、数据质量控制以及碳中和进展指数评价五个步骤，如图 2-1 所示。

表 2-1 碳中和目标专题指标体系

维度	一级指标	二级指标
目标	碳中和目标雄心	碳中和目标类型
		碳中和目标年份
		碳中和目标覆盖范围
		碳中和目标的公平性与一致性
政策	碳中和技术战略目标	可再生能源发电、电动汽车、节能、可再生氢、生物燃料、CCUS、碳汇开发
	气候投融资承诺宣示	各国 NDC 中是否有气候投融资相关内容
		各国 LT-LEDS 中是否有气候投融资相关内容
	碳中和目标具体路线图	碳中和目标的阶段性目标
		国家级碳中和路线图
		区域级别碳中和
		行业层面碳中和
	碳中和目标监管体系	碳中和目标的法律完备性
		碳中和目标的有效性和可靠性
		碳中和目标的监管机制
	碳中和技术支持政策	可再生能源发电、电动汽车、节能、可再生氢、生物燃料、CCUS、碳汇开发
	气候投融资支持政策	各国可持续金融政策数量
		各国对气候相关金融风险的评估和披露

续表

维度	一级指标	二级指标
行动	碳中和技术部署进展	可再生能源发电、电动汽车、节能、可再生氢、生物燃料、CCUS、碳汇开发
	碳中和技术创新能力	可再生能源发电、电动汽车、节能、可再生氢、生物燃料、CCUS、碳汇开发
	气候投融资行动进展	气候相关行动财政预算比例
		各国碳定价机制
		各国绿色债券发行情况
	化石能源转型进展	化石能源占总能源供应的比重
		化石能源补贴
	国际合作行动进展	发达国家国际气候资金落实情况
		各国在全球环境基金与绿色气候基金下的出资贡献
		国际技术转移阻碍
		对外技术转让项目情况
成效	碳排放水平	碳中和进展
		碳中和进度

注：NDC 全称是 nationally determined contributions，国家自主贡献；LT-LEDS 全称是 long-term low-emission development strategies，长期低排放发展战略

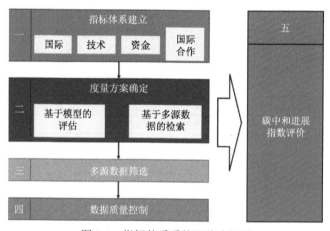

图 2-1　指标体系系统评估流程图

2.1　建立指标体系

在建立指标体系过程中，本书通过梳理碳中和进展各专题关键内容确定具体指标，整合形成多层级金字塔式的指标体系，尽可能保证各指标间的独立性

和指标体系的完整性，以综合反映各国碳中和进展状况，如表 2-1 所示。

碳中和目标具体区分了类型、年份、覆盖范围以及公平性与一致性共四类二级指标；在识别排放源和技术体系基础上，本书确定了可再生能源发电技术、电动汽车技术、节能技术、可再生氢技术、生物燃料技术、CCUS 技术和碳汇开发技术等七项技术及各自的战略目标和技术支持政策，并考虑气候投融资、碳中和目标具体路线图、目标监管体系等多个内容，形成一级和二级指标体系；碳中和行动考虑 7 种碳中和技术部署进展，碳中和技术创新能力则分析不同技术专利发明和论文发表数量，加之气候投融资行动进展、化石能源转型进展、国际合作行动进展等多个内容综合评价；碳中和成效则研究了各国的碳排放水平，分成碳中和进展和碳中和进度两个二级指标进行总体考量。

2.2 确定并实施度量方案

建立指标体系后，研究人员确定各指标度量方案，明确测量各类指标的技术方法和各类数据源。在此阶段，研究人员广泛检索各类数据源，根据数据源的完整性和可得性明确指标的度量方案；部分指标需要基于模型进行量化评估，研究人员明确模型量化评估的技术路线和应用过程。在这一过程中，各组次级指标可被具体表征为文本、0-1 变量、整数和浮点数等，最大限度地满足指标需求和数据源可用性。

在此基础上，研究人员实施指标评价，通过多源数据筛选，各指标最佳度量方案得以确定，研究人员针对各指标，根据不同数据源质量进行筛选，部分指标可能会融合各类数据源形成新的次一级指标，以实现各指标最佳和全面度量。完成数据整理后，研究人员多级审查用于度量各指标的数据质量的可靠性和严谨性，以提升数据质量并避免错误遗漏，并跨专题进行数据比对校准，防止专题间数据潜在冲突，保证数据库的准确度和内部一致性。

本书的绝大多数指标基于网上公开资料收集整理，本书汇总了不同指标基于的数据来源、处理过程和数据特征，部分指标的各国信息源基于谷歌等搜索引擎分别检索。"碳中和目标与 2℃/1.5℃目标的一致性"指标则基于全球碳排放权分配模型定量计算而来，并使用分类变量"是—否—无目标"进行衡量（见第 3 章）。

2.3　评价进展指数

完成指标体系度量后，研究人员基于多准则决策分析方法构建碳中和进展指数，系统性评价了碳中和目标、政策、行动和成效四个方面的得分情况，由于各指标类型差异巨大，为保证可比，本书对连续数据和定序数据归一化，使各指标评分映射在[0，1]区间，与0-1变量保持一致，对于特殊类型的数据，指标处理过程中专门加以说明。

碳中和目标得分基于碳中和目标类型、年份、覆盖范围以及公平性与一致性4个一级指标打分，根据专家判断赋予0.3、0.15、0.35和0.2的权重加和得到。其中，碳中和目标年份基于碳达峰和碳中和年份作差取倒数后进行归一化后得到。

碳中和政策共包含6个一级指标，其中碳中和技术战略目标、气候投融资承诺宣示、碳中和目标具体路线图、碳中和目标监管体系以及碳中和技术支持政策根据二级指标归一化后等权重加和得到；因气候投融资支持政策的二级指标各国差异极大，对其二级指标进行对数化和归一化后，再进行等权重加和。6个一级指标等权重加和汇总得到了碳中和政策得分。

本书将碳中和行动分为国内行动和国际行动，分别确定权重为0.75和0.25进行加和。其中，国内行动包含碳中和技术部署进展、碳中和技术创新能力、气候投融资行动进展、化石能源转型进展4个一级指标，分别确定权重为0.4、0.2、0.3、0.1进行加和得到，国际行动对应国际合作行动进展一级指标。碳中和技术部署进展根据7类技术各自得分等权重加和，其中7类技术各自得分根据部署进展值[新能源装机量、电动汽车销量总量、CCS（carbon capture and storage，碳捕集与封存）项目量、生物燃料消费量、绿氢标准化产量、碳汇量]除以2021年碳排放量后做对数化和归一化得到；碳中和技术创新能力根据各国7类技术专利总数除以2021年碳排放做对数化和归一化得到；气候投融资行动进展根据对各指标进行对数化和归一化后，进行等权重加和得到；化石能源转型进展基于化石能源占能源供应的比重以及化石能源补贴两个二级指标得分进行等权重加和，补贴得分根据各国2020年化石能源补贴除以GDP后做归一化得到；国际合作行动进展则利用4个二级指标归一化后等权重加和而得。通过上述指标汇总方式，可以客观、有效地评价各国的碳中和行动进展。

碳中和成效的评估重点考虑各国的碳排放水平，由碳中和进展和碳中和进度等权重加和乘以调节系数而得。其中，碳中和进展以各国碳排放强度为指标，基于碳排放强度从历史最大值到 2019 年的年均下降量与 2019 年到各国设定的碳中和时间所需的年均下降量的比值计算得到，比值大于 1 的国家即设定为 1。碳中和进度则是 2019 年碳排放强度相比于历史最大值的下降率；在此基础上，使用调节系数对二者加以调整，其等于碳排放强度最大值出现年份的世界平均值/碳排放强度最大值，表明该国碳排放控制水平在世界上的领先地位，若小于 1，则调节系数为 1；若大于 1，则将调节系数映射到（1, 3]的区间内。由以上计算方式，本书同时有效地兼顾了碳中和成效评估中对于发展和排放二者的考虑。

第3章 全球碳中和目标的雄心和公平性评估模型

3.1 雄心与公平性评估方法概述

首先构建基于公平的全球碳排放权分配模型。分配模型根据气候谈判及国家环境法，考虑了 4 类公平原则：责任、能力或（和）基本需求原则，人均主义原则，国家主义原则，多阶段公平原则[①]。基于不同公平原则，充分考虑关键参数的不同选择，最终可生成多套全球碳排放公平分配方案，如图 3-1 所示。模型所用数据集及其来源包括：①二氧化碳排放，历史和未来基准情景排放来自 MATCH 数据库；②人口，历史和未来预测数据来自《世界人口展望 2017》；③国内生产总值（gross domestic product，GDP），历史数据来自世界银行，预测数据来自 IFS 数据库 OECD（Organisation for Economic Co-operation and Development，经济合作与发展组织）模型在 SSP2 情景（即共享社会经济路径情景 2，"中间道路"）下的预测；④2℃ 和 1.5℃ 温升控制目标下全球排放路径，来自 Robiou du Pont 等（2017）；⑤2018 年国土面积数据，来自世界银行。

---

① 责任、能力或（和）基本需求原则指使用国家历史排放责任、能力或（和）基本需求作为公平分配的基础。人均主义原则是不同形式的人均主义，要求所有国家当年或在目标年份趋近于人均（累计）碳排放量相等。国家主义原则是不同形式的国家主义，基于现状进行分配。多阶段公平原则是基于多阶段或混合的公平原则。

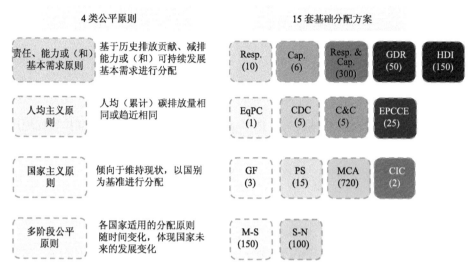

图 3-1　全球碳排放权分配模型的搭建

　　其次，通过全球碳排放公平分配模型，得到各国在未来每年的公平碳排放配额空间。将国家碳中和目标与公平配额空间进行比较，计算得出碳中和目标雄心指数（0-1，1 代表最高雄心水平，0 代表最低雄心水平），如图 3-2 所示。

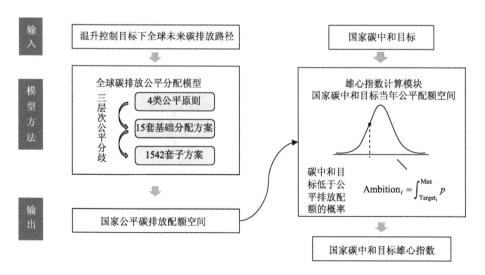

图 3-2　雄心与公平性评估方法

3.2 全球碳排放权分配模型

3.2.1 历史责任（Resp.）方案

该方案下，历史累计排放量（E_i^{cum}）高的国家历史责任更大，减排目标更严格。首先计算全球基准排放量与目标排放量之间的差距，其次根据各国的累计排放份额将其分配给各国。计算公式如下：

$$E_{i,t} = \text{BAU}_{i,t} - (\text{BAU}_{\text{glob},t} - E_{\text{glob},t}) \times \frac{E_i^{\text{cum}}}{E_{\text{glob}}^{\text{cum}}}$$

其中，$E_i^{\text{cum}} = \sum_{t=t_0}^{t_e} E_{i,t}$，$E_{i,t}$ 为国家 i 在 t 年的排放配额；$\text{BAU}_{i,t}$ 为国家 i 在 t 年的"一切照旧"（business-as-usual，BAU）排放量；$\text{BAU}_{\text{glob},t}$ 为全球在 t 年的 BAU 排放量；$E_{\text{glob},t}$ 为全球在 t 年的排放配额；$E_{\text{glob}}^{\text{cum}}$ 为全球历史累计排放量。

该方案有两个操作性参数（operational parameter，OP）：历史累计排放量起始年份（OP1）和时间的动静态机制（OP2）。采用不同的操作性参数值将会导致国家碳排放配额之间的差异。历史累计排放量的起始年份定义了从何时开始计算国家的历史累计排放量。在静态时间机制下，国家历史累计排放量不会随时间更新，而在动态时间机制下，则会更新到最新年份。

3.2.2 支付能力（Cap.）方案

该方案用人均国内生产总值（per capita GDP，GPC）来表示支付能力，并设定一个收入阈值（GPC_{thre}），以保证低于阈值的国家的发展需求。高于收入阈值的国家承担与其支付能力成比例的减排责任，而低于阈值的国家则保持其BAU 排放量。

如果 $\text{GPC}_i \leqslant \text{GPC}_{\text{thre}}$，

$$E_{i,t} = \text{BAU}_{i,t}$$

如果 $\text{GPC}_i > \text{GPC}_{\text{thre}}$，

$$E_{i,t} = \text{BAU}_{i,t} - (\text{BAU}_{\text{glob},t} - E_{\text{glob},t}) \times \frac{\text{GPC}_{i,t}}{\sum\limits_{\text{GPC}_i > \text{GPC}_{\text{thre}}} \text{GPC}_{i,t}}$$

该方案有两个操作性参数：GDP 换算方法（OP3）和收入阈值（OP4）。本书将 GDP 换算方法列为重要的可操作性参数，因为不同的换算方法会导致国家经济排名的巨大差异。在比较各国实际经济规模时，通常有两种货币换算方法：PPP（purchasing power parity，购买力平价）以及 MER（market exchange rate，市场汇率）。收入阈值包括三个选项：无门槛、年均收入 6000 美元或年均收入 6400 美元。

3.2.3　责任与能力（Resp. & Cap.）方案

根据《联合国气候变化框架公约》（United Nations Framework Convention on Climate Change，UNFCCC）中的"共同但有区别的责任和各自的能力"原则，国家减排责任的分担应根据历史累计排放量和减排行动的能力来共同确定。因此，RCI（responsibility and capability index，责任与能力指数）是由历史责任指标和减排能力指标加权平均得出的。

$$\text{RCI}_{i,t} = \alpha E_i^{\text{cum}} + \beta \text{GDP}_{i,t}$$

其中，$\alpha + \beta = 1$。

$$E_{i,t} = \begin{cases} \text{BAU}_{i,t}, & \text{GPC}_i \leqslant \text{GPC}_{\text{thre}} \\ \text{BAU}_{i,t} - \left(\sum\limits_{i=1}^{I} \text{BAU}_{i,t} - E_{\text{glob},t}\right) \times \dfrac{\text{RCI}_{i,t}}{\sum\limits_{\text{GPC}_i > \text{GPC}_{\text{thre}}} \text{RCI}_{i,t}}, & \text{GPC}_i > \text{GPC}_{\text{thre}} \end{cases}$$

Resp. & Cap.的操作性参数继承自 Resp.方案和 Cap.方案，包括 OP1~OP4。另有一个操作性参数（OP5）为责任比重 α。OP5 的值越高，表示责任原则在分配中越重要；OP5 的值越低，表示能力原则越重要。

3.2.4　温室气体发展权（GDR）方案

温室气体发展权方案（greenhouse development rights, GDR）主张将更多的排放配额分配给最小受惠者。与采用国家平均收入水平的分配方案不同，温室气体发展权方案采用了更精细的计算方法，考虑到了国家内部个人收入的不平等。它将个人排放量与相应的收入联系起来，免除了收入低于阈值的人的减排责任。计算方法如下。

（1）假定一国的个人收入呈对数正态分布。由于收入标准差衡量的是一国收入分配的不平等程度，因此它与基尼系数的关系如下。

$$\sigma = \sqrt{2} N^{-1} \left(\frac{1+G}{2} \right)$$

其中，σ 为收入标准差；G 为基尼系数；N^{-1} 为标准正态分布函数的反函数。

将收入 y 转化为指标 z，那么 z 值就符合标准正态分布。

$$z = \frac{1}{\sigma} \ln(y / \overline{y}) + \frac{\sigma}{2} \quad \therefore y \sim \text{Lognormal}(\overline{y}, \sigma) \Rightarrow z \sim N(0,1)$$

其中，y 为个人收入；$\overline{y}$ 为全国平均收入；N 代表正态分布。

（2）假定国家 i 的个人排放量（ε_i）与个人收入 y 的关系如下。

$$\varepsilon_i(y) = A_i y^{\gamma}$$

其中，γ 为适用于所有国家的排放收入弹性系数；A_i 为与国家 i 排放水平相关的常数。

（3）这里首先给出 $M_{\gamma}(y; y_l, \overline{y}, \sigma)$ 的积分运算。

$$M_{\gamma}\left(y; y_l, \overline{y}, \sigma\right) = \int_{y_l}^{\infty} dy y^{\gamma} f(y; \overline{y}, \sigma) = \overline{y}^{\gamma} e^{\frac{\sigma^2}{2} \gamma(\gamma-1)} \left(1 - N\left(z_l - \gamma\sigma\right)\right) - y_l^{\gamma}\left(1 - N\left(z_l\right)\right)$$

其中，$f(y; \overline{y}, \sigma)$ 为个人收入的对数正态分布。

（4）该方案免除了收入阈值以下群体的减排责任。国家 i 的个体减排能力 c_i 是关于个人收入的分段函数，低于收入阈值的个人不具有减排能力；可以得到个人减排责任 r_i^{amn}，也是关于个人收入的分段函数。通过步骤（2）和步骤（3）中的公式可以得到 A_i 的表达式。

$$c_i(y) = \begin{cases} 0, & y < y_l \\ y - y_l, & y \geqslant y_l \end{cases}$$

$$r_i^{\text{amn}}(y) = \begin{cases} 0, & y < y_l \\ A_i\left(y^{\gamma} - y_l^{\gamma}\right), & y \geqslant y_l \end{cases}$$

$$E_i = \int_0^{\infty} dy A_i y^{\gamma} f\left(y; \overline{y}, \sigma_i\right) = A_i \overline{y}_i^{\gamma} e^{\frac{\sigma_i^2}{2} \gamma(\gamma-1)}$$

$$A_i = \frac{E_i}{\overline{y}_i^{\gamma}} e^{\frac{\sigma_i^2}{2} \gamma(\gamma-1)}$$

$$r_i^{\mathrm{amn}}(y) = \begin{cases} 0, & y < y_l \\ \dfrac{E_i}{\overline{y}^{\gamma}} \mathrm{e}^{-\frac{\sigma_i^2}{2}\gamma(\gamma-1)}\left(y^{\gamma} - y_l^{\gamma}\right), & y \geqslant y_l \end{cases}$$

$$C_i = \overline{y}\left[1 - N(z_l - \sigma_i)\right] - y_l\left(1 - N(z_l)\right)$$

$$R_i^{\mathrm{amn}} = E_i\left[1 - N(z_l - \gamma\sigma_i)\right] - E_i \mathrm{e}^{-\frac{\sigma_i^2}{2}\gamma(\gamma-1)}\left\{\left(\frac{y_l}{\overline{y}}\right)^{\gamma}\left(1 - N(z_l)\right)\right\}$$

$$R_i = \sum_{t=t_0}^{t_e} R_{i,t}^{\mathrm{amn}}$$

$$\mathrm{RCI}_i = \alpha \frac{R_i}{\sum\limits_{i=1}^{197} R_i} + \beta \frac{C_i}{\sum\limits_{i=1}^{197} C_i}$$

$$E_{i,t} = \mathrm{BAU}_{i,t} - \left(\sum_{i=1}^{I} \mathrm{BAU}_{i,t} - E_{\mathrm{glob},t}\right) \times \mathrm{RCI}_i$$

其中，$\alpha + \beta = 1$。

温室气体发展权方案的操作性参数包括 OP1、OP5 和 GDR 收入阈值线（OP6）。对于 GDR 收入阈值，设定了高于全球贫困线的阈值：基本发展阈值（年均收入 6000 美元）和发展权阈值（年均收入 7500 美元）。这意味着通过免除阈值以下人群的减排义务来保障他们的基本发展需求。

3.2.5　人类发展指数（HDI）方案

与 Resp. & Cap. 和 GDR 类似，人类发展指数（human development index，HDI）方案综合了历史责任和减排能力两大原则。但它采用了人类发展指数这一反映一个国家在教育、医疗和收入等方面综合发展水平的指标，以取代 GDP 这一单一的经济指标，从而能够全面反映各国在采取气候行动方面的能力差异。计算方法如下。

（1）构建国家教育与健康指标（education & health indicator，EHI）。该指标引入了联合国开发计划署的教育和卫生指标，以反映更广泛的国家减缓行动能力。

$$\mathrm{EHI}_i = \frac{\mathrm{LEI}_i^{2010} + \mathrm{EDI}_i^{2010}}{2}$$

其中，EHI_i 为国家 i 的经济健康指数；LEI_i^{2010} 为该国 2010 年的寿命预期指数（life expectancy indicator，LEI）；EDI_i^{2010} 为该国 2010 年的教育指数（education indicator，EDI）。

（2）构建国家的中间能力指数（interim capacity indicator，ICI）。GDP 可以衡量一个国家的减排能力，因此被用作 ICI。

$$ICI_i = GDP_i^{2010}$$

（3）构建各国最终能力指数（final capability index，FCI）。首先，构建一国 EHI 的偏差 $\%\Delta_i$，其为 EHI_i 相对于最大值（EHI_{max}）或最小值（EHI_{min}）的偏离程度。

$$\%\Delta_i = \begin{cases} 1 + \dfrac{EHI_i - EHI_{ave}}{EHI_{ave} - EHI_{min}} \times \dfrac{X}{100}, & EHI_i \leqslant EHI_{ave} \\[3mm] 1 + \dfrac{EHI_i - EHI_{ave}}{EHI_{max} - EHI_{ave}} \times \dfrac{X}{100}, & EHI_i > EHI_{ave} \end{cases}$$

$$FCI_i = ICI_i \times \%\Delta_i$$

其中，EHI_{ave} 为 EHI 的平均值。$X = 66.7$ 表示当国家 i 达到 EHI_{max} 时，其 FCI 将在 ICI 的基础上上调 66.7%，这反映出与同等规模的经济体相比，该国的教育和卫生水平相对较低，削弱了其减排能力；反之，当国家 i 达到 EHI_{min} 时，其 FCI 将下调 66.7%。

（4）构建国家最终责任指数（final responsibility index，FRI）。一个国家的历史累计排放量构成其最终责任指数。

$$FRI_i = E_i^{cum}$$

（5）构建国家责任与能力指数（RCI）并计算国家排放配额。

$$RCI_i = \left(FRI_i\right)^{\alpha} \times \left(FCI_i\right)^{\beta}$$

其中，$\alpha + \beta = 1$。

$$E_{i,t} = \begin{cases} BAU_{i,t}, & GPC_i \leqslant GPC_{thre} \\[3mm] BAU_{i,t} - \left(\displaystyle\sum_{i=1}^{I} BAU_{i,t} - E_{glob,t}\right) \times \dfrac{RCI_{i,t}}{\displaystyle\sum_{GPC_i > GPC_{thre}} RCI_{i,t}}, & GPC_i > GPC_{thre} \end{cases}$$

人类发展指数方案的操作性参数包括 OP1、OP3、OP4 和 OP5。

3.2.6 等人均排放（EqPC[①]）方案

该方案下，每个国家的碳排放份额与该国当年的人口份额相同，因此各国的人均排放量是相等的。计算方法如下：

$$E_{i,t} = E_{\text{glob},t} \times \frac{P_{i,t}}{P_{\text{glob},t}}$$

其中，$P_{i,t}$ 为国家 i 在 t 年的人口预测；$P_{\text{glob},t}$ 为 t 年全球人口预测值。

该方案没有操作性参数。

3.2.7 紧缩与趋同（C&C[②]）方案

该方案使各国的人均排放量逐渐趋同。首先，根据全球排放路径和国家人口预测，设定特定目标年的全球人均排放目标。各国以其当前的排放份额为起点，其排放份额线性趋同于设定的目标。目标年之后，各国保持人均排放量相等。该方案实质上混合了祖父原则（体现在起始年 t_s）和等人均排放方案（体现在趋同的终止年 t_e），避免了 EqPC 方案中各国排放路径的突然变化。

计算方法如下。

（1）计算起始年的国家排放份额（χ_{i,t_s}）和趋同终止年的国家排放份额（χ_{i,t_e}）。

$$\chi_{i,t_s} = \frac{E_{i,t_s}}{E_{\text{glob},t_s}}, \ \chi_{i,t_e} = \frac{P_{i,t_e}}{P_{\text{glob},t_e}}$$

（2）计算 t 年的国家排放份额（$\chi_{i,t}$）。

$$\chi_{i,t} = \begin{cases} \chi_{i,t_s} + (\chi_{i,t_e} - \chi_{i,t_s}) \times \dfrac{t - t_s}{t_e - t_s}, & t \leqslant t_e \\ \chi_{i,t_e}, & t > t_e \end{cases}$$

（3）计算 t 年的国家排放配额。

$$E_{i,t} = E_{\text{glob},t} \times \chi_{i,t}$$

C&C 方案的操作性参数是设定平等计划中的人均趋同年份 t_e（OP7）。当收敛年足够晚时（如 2080 年），C&C 方案将表现出与祖父原则方案相似的分

---

① EqPC 全称为 equal per capita emissions。

② C&C 全称为 contraction & convergence。

配结果，因为在相当长的时间内，全国人均排放量将保持在与现状相似的水平上。相反，如果收敛年份相对较早，则 C&C 方案的结果将与等人均排放方案更为相似。

3.2.8　共同但有区别的趋同（CDC[①]）方案

以 C&C 方案为基础，并设定人均排放阈值以保障基本的发展权，就形成了 CDC 方案。在 CDC 方案下，发达国家和发展中国家的人均排放量最终趋同于同一目标，但发展中国家只有在其人均排放量达到设定阈值时才开始这一趋同过程。

计算方法如下。

（1）初始国家碳排放配额（$E_{i,t}^{\text{init}}$）的计算。

发达国家：

$$E_{i,t}^{\text{init}} = E_{\text{glob},t} \times \left(\chi_{i,t_s} + \frac{\chi_{i,t_e} - \chi_{i,t_s}}{t_e - t_s}(t - t_s) \right)$$

其中，$\chi_{i,t_s} = \dfrac{E_{i,t_s}}{E_{\text{glob},t_s}}$，$\chi_{i,t_e} = \dfrac{P_{i,t_e}}{P_{\text{glob},t_e}}$

发展中国家：

$$E_{i,t}^{\text{init}} = \begin{cases} \text{BAU}_{i,t}, & E_{i,t-1}/P_{i,t-1} < (1+\lambda) \times E_{\text{glob},t-1}/P_{t-1} \\[2mm] E_{\text{glob},t} \times \left(\chi_{i,t_s} + \dfrac{\chi_{i,t_e} - \chi_{i,t_s}}{t_e - t_s}(t - t_s) \right), & E_{i,t-1}/P_{i,t-1} \geqslant (1+\lambda) \times E_{\text{glob},t-1}/P_{t-1} \end{cases}$$

其中，$\chi_{i,t_s} = \dfrac{E_{i,t_s}}{E_{\text{glob},t_s}}$，$\chi_{i,t_e} = \dfrac{P_{i,t_e}}{P_{\text{glob},t_e}}$。模型设置 λ 的值为 0，即阈值为当前时期的全球人均排放水平，以确保发展中国家的人均排放量在长期内不低于全球平均水平。

（2）最终国家碳排放配额（$E_{i,t}$）的计算。国家碳排放配额按比例调整，对齐到全球总量。

$$E_{i,t} = E_{\text{glob},t} \times \frac{E_{i,t}^{\text{init}}}{\displaystyle\sum_{i=1}^{I} E_{i,t}^{\text{init}}}$$

---

① CDC 全称为 common but differentiated convergence。

CDC 方案的操作性参数是 OP7，与 C&C 相同。

3.2.9　人均累计排放相等（EPCCE①）方案

在此方案下，各国人均排放量和人均累计排放量同时趋近相同。计算方法如下。

基于人际碳排放预算公平的概念，设计各国人均累计排放量相等，求得国家 i 在 2100 年前的未来碳预算总额（A_i）。

$$\begin{cases} \left(\sum_{t=t_0}^{t_s-1} E_{i,t} + A_i \right) / P_{i,t_{\mathrm{ref}}} = \mathrm{constant} \\ \sum_{i=1}^{I} A_i = \sum_{t=s}^{e} E_{\mathrm{glob},t} \end{cases}$$

$$\begin{cases} \sum_{t=s}^{e} \Phi_{i,t} = A_i / P_{i,t_{\mathrm{ref}}} \\ \Phi_{i,s-1} = E_{i,s-1} / P_{i,t_{s-1}} \\ \Phi_{i,e} = E_{\mathrm{glob},e} / \sum_{i=1}^{I} P_{i,t_e} \end{cases}$$

其中的求和计算可以用积分计算代替：

$$\int_{s}^{e} \Phi_{i,t} \mathrm{d}t = \sum_{t=s}^{e} \Phi_{i,t}$$

$$E_{i,t}^{\mathrm{init}} = \Phi_{i,t} \times P_{i,t}$$

$$E_{i,t} = E_{i,t}^{\mathrm{init}} + \left[E_{\mathrm{glob},t} - \sum_{i=1}^{I} E_{i,t}^{\mathrm{init}} \right] \times \frac{P_{i,t_{\mathrm{ref}}}}{P_{\mathrm{glob},t_{\mathrm{ref}}}}$$

EPCCE 方案的操作性参数包括 OP1 和 OP7。

3.2.10　南北对话（S-N②）方案

在 S-N 方案中，发展中国家根据其减排责任、减排能力和减排潜力被划分为四类：新兴工业化国家（newly industrialized country，NIC）、快速工业化国

---

① EPCCE 全称为 equal per capital cumulative emissions。

② S-N 全称为 south-north dialogue。

家（rapidly industrializing country，RIDC）、最不发达国家（least developed country，LDC）和其他发展中国家（other developing country，other DC）。发达国家被划分为附件 1 但不属于附件 2（annex I but not annex II）国家，以及附件 2（annex II）国家。不同类别国家对应不同的减排承诺：发达国家应承担绝对减排责任，附件 2 国家应比附件 1 但不属于附件 2 国家有更高的减排目标。快速工业化国家承担相对减排义务；最不发达国家和其他发展中国家不承担任何减排义务。

（1）使用综合指数 Index 对发展中国家进行分组。我们采用以下指标计算综合指数，包括单位 GDP 排放量、人均排放量、人均累计排放量和人均 GDP。前两个指标反映的是一个国家的减排潜力，后两个指标反映的是减排责任和减排能力。为确保数据的可用性和可靠性，S-N 方案以 10 年为单位，Index 根据 10 年前的数据计算。

$$\text{Index}_{i,t} = \frac{1}{6} \times \frac{E_{i,t-10}}{\text{GDP}_{i,t-10}} + \frac{1}{6} \times \frac{E_{i,t-10}}{P_{i,t-10}} + \frac{1}{3} \times \frac{\sum_{t=t-10}^{t-1} E_{i,t}}{10 \times P_{i,t}} + \frac{1}{3} \times \frac{\text{GDP}_{i,t-10}}{P_{i,t-10}}$$

（2）由于各国在未来将更容易减少排放，因此在此基础上划分国家的阈值应每 10 年下调一次，以降低国家组更替的触发阈值。Index 在此基础上对国家进行分类时，应每 10 年下调一次，以降低群体更替的触发阈值。

$$\text{Index}'_{i,t} = (1-\alpha)^{10} \times \text{Index}_{i,t}$$

其中，α 为指数下降率。

（3）发展中国家分类标准如下。

NIC：

$$\text{Index}'_{i,t} \geqslant \text{mean+std}$$

RIDC：

$$\text{mean} - \text{std} \leqslant \text{Index}'_{i,t} < \text{mean+std}$$

other DC 和 LDC：

$$\text{Index}'_{i,t} < \text{mean} - \text{std}$$

（4）计算各组 2020 年前的排放配额。

附件 2 国家：

$$E_{i,t} = E_{i,t_s} + \left[E_{i,t_{1990}} \times (1 - a\%) - E_{i,t_s} \right] \times \frac{t - t_s}{t_{2020} - t_s}$$

附件 1 但不属于附件 2 国家：

$$E_{i,t} = E_{i,t_s} + \left[E_{i,t_{1990}} \times (1 - c\%) - E_{i,t_s} \right] \times \frac{t - t_s}{t_{2020} - t_s}$$

NIC：

$$E_{i,t} = E_{i,t_s} + \left[\mathrm{BAU}_{i,t_{2020}} \times (1 - e\%) - E_{i,t_s} \right] \times \frac{t - t_s}{t_{2020} - t_s}$$

RIDC：

$$E_{i,t} = E_{i,t_s} + \left[\mathrm{BAU}_{i,t_{2020}} \times (1 - g\%) - E_{i,t_s} \right] \times \frac{t - t_s}{t_{2020} - t_s}$$

other DC 和 LDC：

$$E_{i,t} = \mathrm{BAU}_{i,t}$$

其中，前一组国家的减排要求高于后一组国家，因此存在关系 $a > c > e > g$。

（5）2020 年后各组排放配额的计算。

附件 2 国家：

$$E_{i,t} = E_{i,t_{2020}} + E_{i,t_{2020}} \times \left[(1 - b\%)^{\mu} - (1 - b\%)^{\mu - 1} \right] \times \frac{t - t_{2020 + 10 \times (\mu - 1)}}{10}$$

附件 1 但不属于附件 2 国家：

$$E_{i,t} = E_{i,t_{2020}} + E_{i,t_{2020}} \times \left[(1 - d\%)^{\mu} - (1 - d\%)^{\mu - 1} \right] \times \frac{t - t_{2020 + 10 \times (\mu - 1)}}{10}$$

NIC：

$$E_{i,t} = E_{i,t_{2020}} + E_{i,t_{2020}} \times \left[(1 - f\%)^{\mu} - (1 - f\%)^{\mu - 1} \right] \times \frac{t - t_{2020 + 10 \times (\mu - 1)}}{10}$$

RIDC：

$$E_{i,t} = \mathrm{BAU}_{i,t} \times (1 - h\%)$$

other DC 和 LDC：

$$E_{i,t} = \mathrm{BAU}_{i,t}$$

其中，前一组国家的减排要求高于后一组国家，因此存在关系 $b > d > f > h$。
μ 表示 2020 年后的 10 年步长数目，如 2030 年与 2020 年隔了 1 个 10 年步长，

因此 $\mu = 1$。

S-N 方案的操作性参数包括 OP1、上一个 10 年排放或历史累计排放量（OP8）、划分指标下降率（OP9）和 RIDC 附加条件（OP10）。OP8 表示，在计算人均累计排放量时提供了两种时间范围选择，即只考虑最近 10 年的排放量或追溯到 OP1 的所有累计排放量。OP9 为计算 Index′ 时的划分指标下降率，可选值分别为 0、5%、10%、15%或 20%。OP10 用于将 RIDC 与 other DC 区分开来。除了 $\mathrm{mean} - \mathrm{std} \leqslant \mathrm{Index}'_{i,t} < \mathrm{mean} + \mathrm{std}$ 还设定了附加条件，即该国的人均 GDP 应高于同期发展中国家的平均水平，且 1991~2000 年的年均 GDP 增长率应高于 2%。

3.2.11　祖父法（GF①）方案

基于国家主义原则的 GF 方案主张未来全球碳排放预算应按现状比例分配。也就是说，每个国家未来的碳排放份额与基准年（t_{ref}）的历史份额保持一致。计算方法如下：

$$E_{i,t} = E_{\mathrm{glob},t} \times \frac{E_{i,t_{\mathrm{ref}}}}{E_{\mathrm{glob},t_{\mathrm{ref}}}}$$

其中，$E_{i,t_{\mathrm{ref}}}$ 为基准年国家 i 的排放量；$E_{\mathrm{glob},t_{\mathrm{ref}}}$ 为基准年全球的排放量。

该方案的操作性参数是祖父法参考年份 t_{ref}（OP11）。本节设定了三个可选值，分别为 1990 年、2000 年或 2010 年。参考年份越晚，发展中国家的允许排放配额一般就越多，因为大多数发展中国家的排放量在 1990 年后迅速增加。

3.2.12　碳强度趋同（CIC②）方案

在 CIC 框架下，各国的碳强度在一定时期内从现状逐步趋同于既定目标。到收敛年（t_e）时，所有国家的碳排放强度将达到同一水平，各国的碳排放份额将与未来的 GDP 份额保持一致。计算方法如下：

$$E_{i,t} = E_{\mathrm{glob},t} \times \left(\chi_{i,t_s} + (\chi_{i,t_e} - \chi_{i,t_s}) \times \frac{t - t_s}{t_e - t_s} \right)$$

---

① GF 全称为 grandfathering。
② CIC 全称为 carbon intensity convergence。

其中，$\chi_{i,t_s} = \dfrac{E_{i,t_s}}{E_{glob,t_s}}, \chi_{i,t_e} = \dfrac{GDP_{i,t_e}}{GDP_{glob,t_e}}$。

CIC 方案的操作性参数是碳强度的趋同年份 t_e（OP12）。国家人口预测的时间跨度可达 2100 年，而国家 GDP 预测的时间跨度则较为有限。因此，模型为 CIC 方案设定了两个趋同年份，即 2030 年或 2040 年。当趋同年份较晚时，由于全国碳强度将在相当长的时间内保持在与现状相差不大的水平上，因此排放结果将显示出与祖父法类似的分配效果。当趋同年份较早时，国家排放份额将与 GDP 份额更为接近。

3.2.13　多指标（MCA[①]）方案

MCA 方案是对 GF 方案的修改，出于公平考虑增加了一些指标。本模型选择了 11 个指标来构建 MCA 方案，包括人口、GDP、人均 GDP、人均排放量、历史累计排放量、基准年排放量、碳排放强度、化石燃料消费的碳排放强度、土地面积、单位面积排放量、人均能源生产。每项指标与国家碳配额之间的关系是确定的。例如，一个国家的人口越多，其碳排放量就应该越多，这体现了人均主义的原则；历史累计排放量越大，其碳排放量就应该越少，这体现了历史责任的原则。

（1）在区间尺度（如[0,1]）上对每个指标进行标准化处理。全局平均值（ave_t^k）设为阈值线，低于或等于阈值线的指标值统一标准化为零。

$$n_{i,t}^k = \begin{cases} v_{i,t}^k \times a_t^k + b_t^k, & v_{i,t}^k > ave_t^k \\ 0, & v_{i,t}^k \leqslant ave_t^k \end{cases}$$

其中，$a_t^k = \left[\dfrac{1}{max_t^k - ave_t^k}\right]$，$b_t^k = 1 - max_t^k \times a_t^k$；$v_{i,t}^k$ 为国家 i 在 t 年指标 k 的初始值；$n_{i,t}^k$ 为标准化后的指标值。当初始指标值接近全球平均水平（ave_t^k）时，其标准化指标值接近 0。相反，当初始指标值接近全球最高水平（max_t^k）时，其标准化指标值接近 1。

（2）对所有国家的指标值进行成对比较，以确定国家间的相对指标值。

---

① MCA 全称为 multiple criteria approach。

$$\begin{cases} g_{k,t}^{ij} = \left[n_{k,t}^i - n_{k,t}^j \right] \times a_t' + b_t', & n_{k,t}^i - n_{k,t}^j > 0 \\ 0, & n_{k,t}^i - n_{k,t}^j \leqslant 0 \end{cases}$$

其中，$a_t' = \left[\dfrac{1}{p-q} \right]$，$b_t' = 1 - p(a_t')$；$n_{k,t}^i - n_{k,t}^j$ 为 t 年 i 国指标 k 相对于 j 国的相对指标值；$g_{k,t}^{ij}$ 为标准化相对指标值。当相对指标值为正值且接近全球最大相对值（$p = \max[n_{k,t}^i - n_{k,t}^j]$）时，其标准化相对指标值 $g_{k,t}^{ij}$ 接近 1；当相对指标值为正值且接近全球最小相对指标值（$q = \min[n_{k,t}^i - n_{k,t}^j]$）时，其标准化相对指标值接近 0。

（3）对所有指标的标准化相对指标值进行加权求和，得出国家的相对指标值。g_t^{ij} 是国家 i 在 t 年相对于国家 j 的相对指标值。最终得到 x_t^{ij}，即国家 i 相对于 j 的净相对指标值，作为分配的主要参考。

$$g_t^{ij} = \sum_k w_k g_{k,t}^{ij}$$

$$x_t^{ij} = g_t^{ij} - g_t^{ji}$$

$$E_{i,t} = E_{\text{glob},t} \times \frac{E_{i,t_{\text{ref}}}}{E_{\text{glob},t_{\text{ref}}}} \times \left[1 + \sum_{j \neq i} \frac{E_{j,t_{\text{ref}}}}{E_{\text{glob},t_{\text{ref}}}} \times x_t^{ij} \right]$$

其中，w_k 为指标的权重，$\sum_k w_k = 1$。

该方案的操作性参数包括以下内容：① OP1。②OP3。③继承自 GF 方案的 OP11。④发达国家权重组（OP13）和发展中国家权重组（OP14）（表 3-1），该权重设置反映了不同公平原则在分配过程中的相对作用。⑤指标标准化阈值线（OP15）。除了设置全球平均值作为阈值线外，还采用全球中位数水平，以避免极端指标值的干扰。⑥标准化的区间尺度（OP16）。为控制 GF 方案的调整幅度，在对相对指标值进行标准化时，采用了三种区间尺度选择，包括[0,1]，[0,0.5]和[0.5,1]。

表 3-1　多指标方案中的操作性参数及其可选值

指标	发达国家权重组（OP13）		发展中国家权重组（OP14）	
	A 组	B 组	A 组	B 组
人口	0.05	0.05	0.3	0.55
GDP	0.2	0.1	0.02	0.02
人均 GDP	0.15	0.25	0.02	0.02
人均排放量	0.05	0.05	0.02	0.02
历史累计排放量	0.02	0.02	0.08	0.15
基准年排放量	0.4	0.15	0.4	0.02
碳排放强度	0.02	0.17	0.02	0.02
化石燃料消费的碳排放强度	0.02	0.02	0.08	0.14
土地面积	0.02	0.02	0.02	0.02
单位面积排放量	0.02	0.12	0.02	0.02
人均能源生产	0.05	0.05	0.02	0.02

3.2.14　偏好打分（PS[①]）方案

PS 方案是 GF 方案和 EqPC 方案的加权结果，既保留了当前的排放格局，又反映了未来人均排放平等的观点。计算方法如下：

$$E_{i,t} = E_{\text{glob},t} \times \left(\alpha \times \frac{E_{i,t_{\text{ref}}}}{E_{\text{glob},t_{\text{ref}}}} + \beta \times \frac{P_{i,t}}{P_{\text{glob},t}} \right)$$

其中，$\alpha + \beta = 1$。

该方案的操作性参数包括 OP11 和人均法比重（OP17）。OP17 为 EqPC 方案在加权平均中的权重，即 β。

3.2.15　多阶段参与（M-S[②]）方案

为鼓励附件 1 和非附件 1 国家参与全球气候行动，提出了 M-S 方案。M-S 方案设定了三个不同的阶段，每个阶段对应不同程度的努力和承诺：第一阶段

---

① PS 全称为 preference score。

② M-S 全称为 multi-stage participation。

为无量化承诺阶段，在这一阶段，各国不需要承担减排义务，继续其 BAU 排放路径；第二阶段为碳强度降低阶段，在这一阶段，各国需要控制其碳排放增长率，与无约束路径相比降低碳强度；第三阶段为绝对减排阶段，在这一阶段，各国需要承担绝对减排责任。发达国家从一开始就需要进入第三阶段，而对于发展中国家来说，只有根据能力与责任指标（capability and responsibility index, CRI）达到特定的阈值线，才能从当前阶段进入要求更高的阶段。因此，阈值线的设定反映了各国在减排责任和减排能力方面的差异。

计算如下。

（1）构建 CRI。我们使用 HDI 方案中的 RCI 来构建 CRI，该指标综合考虑了责任、减排能力以及教育和医疗水平。

$$\text{CRI}_{i,t} = \text{RCI}_{i,t}$$

其中，$\text{CRI}_{i,t}$ 为 i 国在 t 年的能力与责任指标。

（2）在第一阶段（$\text{CRI}_{i,t} < \text{CRI1}$），各国遵循 BAU 排放路径。

$$E_{i,t} = \text{BAU}_{i,t}$$

其中，CRI1 是从第一阶段到第二阶段的阈值。

（3）在第二阶段（$\text{CRI1} \leqslant \text{CRI}_{i,t} < \text{CRI2}$），各国的碳排放强度下降率被定义为人均年收入的一定比例，即人均年收入水平越高，碳排放强度下降越快：

$$E_{i,t} = \text{GDP}_{i,t} \times \frac{E_{i,t-1}}{\text{GDP}_{i,t-1}} \times \left[1 - \max\left(a \times \frac{\text{GDP}_{i,t}}{P_{i,t}}, \text{EIR}_{\max} \right) \right]$$

其中，CRI2 为从第二阶段到第三阶段的阈值；EIR 为碳强度最高下降率。

（4）在第三阶段（$\text{CRI}_{i,t} \geqslant \text{CRI2}$），各国遵循 EqPC 方案。

$$E_{i,t} = \left(E_{\text{glob},t} - \sum_{\text{CRI}_{i,t} < \text{CRI2}} E_{i,t} \right) \times \frac{P_{i,t}}{\sum_{\text{CRI}_{i,t} \geqslant \text{CRI2}} P_{i,t}}$$

M-S 方案的操作性参数与 HDI 方案相同，包括 OP1、OP3、OP4 和 OP5。

3.2.16　基础分配方案的操作性参数汇总

不同基础分配方案的计算公式各不相同，因此并非所有操作性参数都出现在每个方案中。例如，OP1 历史累计排放量起始年份只出现在计算历史排放责任的方案中；OP5 责任比重只出现在通过加权平均评估各国减排责任和减排能力的方案中；EqPC 方案不包含任何操作性参数，只有一组子方案。表 3-2 汇总了操作性参数的可选值。表 3-3 显示了每种基础分配方案的操作性参数组合和子方案数量。

表 3-2　操作性参数简介和可选值

操作性参数代码	操作性参数名称	操作性参数说明	可选值
OP1	历史累计排放量起始年份	计算历史累计排放量的起始年份	1850 年、1900 年、1950 年、1970 年或 1990 年
OP2	时间的动静态机制	历史累计排放量的结束年份是否随时间而不断更新	以 2010 年为终止年的静态时间安排；从 2010 年到 2050 年每 5 年更新一次终止年的动态时间安排
OP3	GDP 换算方法	国家 GDP 的货币换算方法	PPP 或 MER
OP4	收入阈值		无门槛、年均收入 6000 美元或年均收入 6400 美元
OP5	责任比重		0.2、0.4、0.5、0.6 或 0.8
OP6	GDR 收入阈值线		6000 美元或 7500 美元
OP7	人均趋同年份		2040 年、2050 年、2060 年、2080 年或 2100 年
OP8	上一个 10 年排放或历史累计排放量		最近 10 年的排放量；所有累计排放量
OP9	划分指标下降率		0、5%、10%、15% 或 20%
OP10	RIDC 附加条件		无；有
OP11	祖父法参考年份		1990 年、2000 年或 2010 年
OP12	碳强度的趋同年份		2030 年或 2040 年
OP13	发达国家权重组		A 组或 B 组
OP14	发展中国家权重组		A 组或 B 组
OP15	指标标准化阈值线		全球平均值；全球中位数
OP16	标准化的区间尺度		[0,1], [0,0.5]或[0.5,1]
OP17	人均法比重		20%、40%、50%、60% 或 80%

表 3-3　基础分配方案的操作性参数组合和子方案数目

操作性参数 （OP1~OP17）	本书中参数可选值数量														
	Resp.	Cap.	Resp.&Cap.	GDR	HDI	EqPC	C&C	CDC	EPCCE	GF	PS	CIC	MCA	M-S	S-N
历史累计排放量起始年份	5		5	5	5				5				5	5	5
时间的动静态机制	5		2												
GDP 换算方法		2	2		2								2	2	
收入阈值		3	3		3								3		
责任比重			5	5	5								5		
GDR 收入阈值线				2											
人均趋同年份							5	5	5						
上一个 10 年排放或历史累计排放量															2
划分指标下降率															5
RIDC 附加条件															2
祖父法参考年份										3	3		3		
碳强度的趋同年份												2			
发达国家权重组													2		
发展中国家权重组													2		
指标标准化阈值线													2		
标准化的区间尺度													3		
人均法比重											5				

応用篇

第4章 全球碳中和进展评估方法应用：目标与政策

4.1 目 标 制 定

为了实现《巴黎协定》提出的2℃/1.5℃温升控制目标，各国纷纷提出中长期净零排放/碳中和目标。虽然清晰、可行且有力的目标能够有效地指引碳中和行动方向并为技术发展和资金投入提供积极信号，但是囿于碳中和目标提出的自发性，各国碳中和目标的类型、范围和力度都不尽相同，难以直观地判断各国碳中和目标的力度是否足够支撑实现《巴黎协定》温控目标以及各国碳中和目标与各自减排义务相比是否公平。因此，本节以全球197个国家为研究对象，基于各国已提出的碳中和承诺文本，从其目标本身的性质（类型和年份）、目标的覆盖范围来厘清各国在碳中和目标设置方面的进展；并基于模型去评估各国碳中和目标是否与不同公平原则下的减排责任分配相称以及碳中和目标的雄心力度是否与2℃/1.5℃温控目标相一致。本节基于碳中和目标类型、碳中和目标年份、碳中和目标覆盖范围以及碳中和目标的公平性与一致性4个二级指标对各国碳中和目标进展进行测度。

4.1.1 碳中和目标类型与年份

提出碳中和承诺、实现净零排放逐渐成为全球趋势，但在不同国情下，各国的碳中和目标类型存在差异。2023年，在全球197个国家中，已有133个国家（67.5%）提出碳中和目标，覆盖全球94%的GDP、86%的人口、91%的碳排放量（图4-1、图4-2）。从国家类型看，金砖国家、OECD（欧盟国家除外）和欧盟提出碳中和目标的国家占比分别是100%、79%和88%，均超过全球平均水平（图4-3）。从目标类型看（图4-1），目前有100个国家以实现净零排放作为其碳中和目标，占提出碳中和目标国家的 75%；由于气候中性对碳减排的要求更高，基于各国国情，以气候中性作为目标的国家仅占提出碳中和目标国家的 10%，且主要为欧盟国家①。

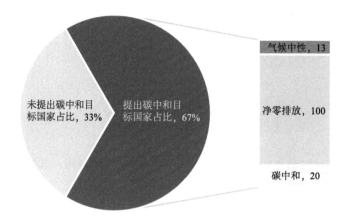

图 4-1 全球碳中和目标类型

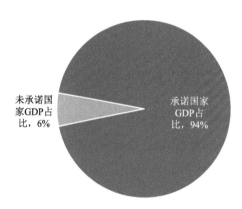

(a) 全球碳中和目标范围的GDP覆盖情况

① 本章中的碳中和目标包含碳中和、净零排放和气候中性三种。其中，碳中和指的是净零二氧化碳排放，即国家在一年内的二氧化碳排放通过二氧化碳去除技术应用达到平衡。净零排放即排放量与清除量的平衡不局限于二氧化碳，包含所有温室气体。气候中性即考虑区域或局部的地球物理效应，希望自身的活动对气候系统没有产生净影响。因此，碳中和只与二氧化碳有关，目标强度相对较低；而净零排放包括所有温室气体；气候中性考虑了地球物理效应对温室气体的影响，找出了根源所在，目标强度最高。

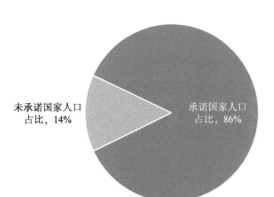

(b) 全球碳中和目标范围的人口覆盖情况

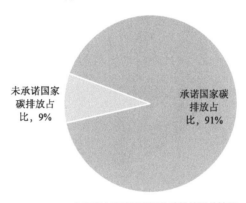

(c) 全球碳中和目标范围的碳排放覆盖情况

图 4-2　全球碳中和目标范围的 GDP、人口和碳排放覆盖情况

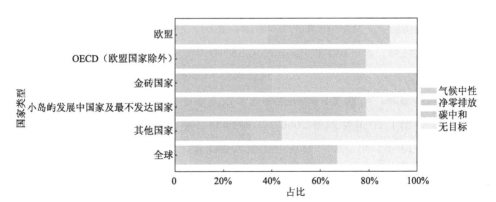

图 4-3　分国家类型的碳中和目标类型

　　然而，目前各国计划实现碳中和的年份与实现温升控制目标所需的减排节奏之间仍有差距，发展中国家相比发达国家在碳中和目标年份上制定了更有雄心的目标。由图4-4可知，在目前提出碳中和目标的国家中，超过90%的国家将实现碳中和目标的年份设定为2050年及以后，发达国家仅有冰岛、德国、芬兰和瑞典4个国家承诺在2050年以前实现碳中和。

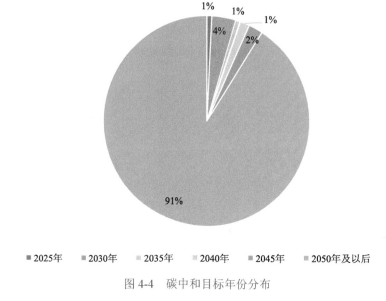

■2025年　■2030年　■2035年　■2040年　■2045年　■2050年及以后

图4-4　碳中和目标年份分布

　　从发展阶段角度看（图4-5），德国、英国、法国等发达国家早在1990年就实现了碳达峰，从碳达峰到碳中和有55~60年的间隔；美国、加拿大、澳大利亚等发达国家在2000~2006年实现碳达峰，与碳中和目标年份也有着45~50年的间隔。然而，墨西哥、阿根廷等大多数发展中国家虽然尚未实现碳达峰，但是仍然提出了2050年或者2060年的碳中和目标和2030年的中期目标，二者仅间隔20~30年。这意味着发展中国家需要在碳达峰之后，使用发达国家从碳达峰到碳中和一半的时间实现本国的碳中和承诺。因此发展中国家在碳中和目标年份上展现出更高的雄心。

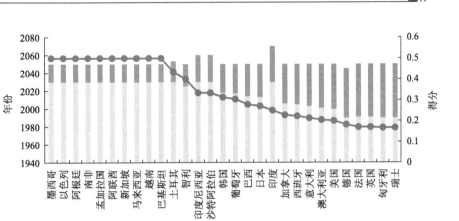

图 4-5　部分国家碳中和目标年份

4.1.2　碳中和目标覆盖范围

本书主要从温室气体、行业、消费侧及领土排放覆盖度四个维度反映各国碳中和目标的覆盖范围。目前，全球碳中和目标对于温室气体种类覆盖度高，但碳中和行业覆盖范围和核算边界仍存在模糊地带。从温室气体覆盖度看，全球 50%的国家在碳中和目标中不仅考虑了二氧化碳，还涵盖了《京都议定书》及《〈京都议定书〉多哈修正案》中提及的其他温室气体（图 4-6）。从国家类型看，超 70%的欧盟国家、OECD 成员国，以及超 50%的金砖国家、小岛屿发展中国家及最不发达国家所设定的碳中和目标包含二氧化碳和其他温室气体（图 4-7）。然而，很多国家的碳中和承诺范围存在较多模糊地带，可能存在国际责任分担的争议（图 4-8、图 4-9）。一方面，大部分国家碳中和目标中仅承认直接排放，仅有不到 5%的国家明确表示考虑到国际航空、航运所造成的温室气体排放（如奥地利、冰岛、西班牙）。另一方面，以生产侧核算为基础仍然是主流的碳排放责任分摊机制，全球各国中仅有 6%的国家在其碳中和目标中明确覆盖消费侧排放（如比利时、柬埔寨、塞内加尔），加剧了国别间的碳排放不公平性问题。同时，在领土覆盖范围方面，仅 29%的国家明确碳中和目标覆盖所有领土排放（如爱尔兰、法国、南非、哥斯达黎加、缅甸）。

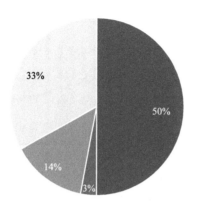

图 4-6　碳中和目标的温室气体覆盖度

■ 二氧化碳和其他　■ 仅二氧化碳　未明确　无目标

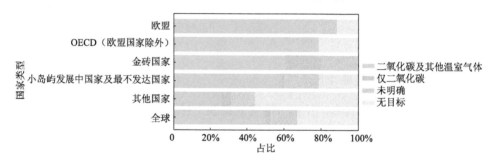

图 4-7　分国家类型碳中和目标温室气体覆盖度

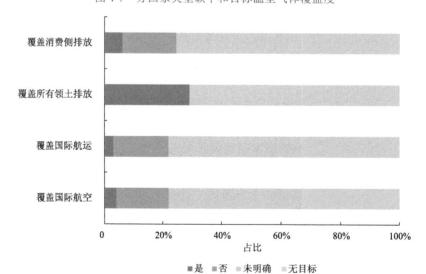

■ 是　否　未明确　无目标

图 4-8　分国家类型碳中和目标温室气体排放范围覆盖度

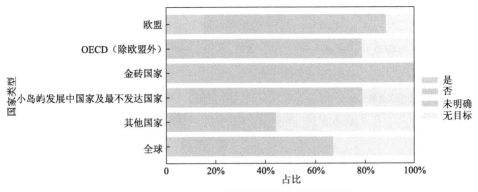

(a) 分国家类型消费侧排放覆盖度

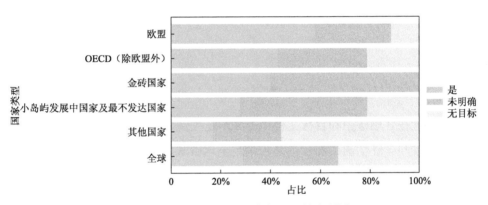

(b) 分国家类型领土排放覆盖度

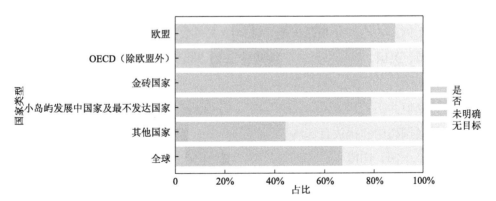

(c) 分国家类型国际航空覆盖度

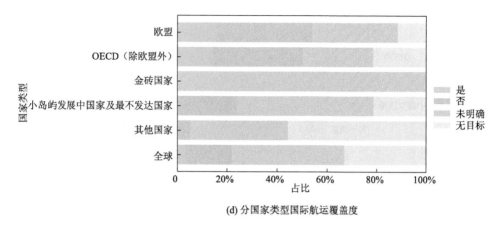

(d) 分国家类型国际航运覆盖度

图 4-9　分国家类型碳中和目标的行业、消费侧及领土排放覆盖度

4.1.3　碳中和目标的公平性与一致性

公平性在各国碳中和目标文件中得到广泛关注，但各国对公平的定义存在差异，亟须科学评估碳中和目标是否满足全球碳减排责任公平分担的要求。根据气候谈判及国际环境法，本书基于责任、能力或（和）基本需求原则，人均主义原则，国家主义原则，以及多阶段公平原则这 4 类公平原则，生成由 1542 套全球碳排放公平分配方案组成的全球碳排放权分配模型。图 4-10 的结果表明不同原则下国家的所得配额存在差异性：绝大多数公平分配方案要求俄罗斯、巴西、美国、英国、法国和日本持续减排至 21 世纪中叶前后达到净零排放；在考虑责任及能力的公平分配方案下，中国和印度仍有增加排放的空间，在 21 世纪实现达峰但并不需要达到净零排放。

根据各国碳中和排放目标满足的公平分配方案的占比，可对各国目标雄心进行评估。中国、印度、日本、美国、英国、巴西、俄罗斯的碳中和目标分别满足 80%、24%、66%、68%、66%、74%、85%的公平分配方案。如表 4-1 所示，就不同公平原则而言，很多发达国家的碳中和目标满足责任、能力或（和）基本需求原则下的公平标准的比例较低：加拿大（15%）、法国（0）、英国（1%）、意大利（0）、日本（3%）、澳大利亚（0）、德国（3%）。这意味着国家可以

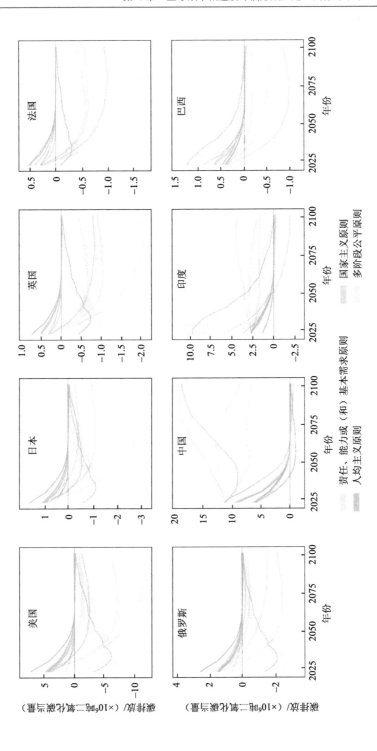

图 4-10　全球主要国家在公平原则下的碳排放轨迹

折线表示主要国家在各个公平分配方案下的碳排放轨迹

根据减排责任的公平分担需求提升其减排雄心。将国家按照在公平性与一致性上的表现进行排名，发达国家集团普遍得分较低，在低于平均值的国家中，41%的国家为发达国家，在高于平均值的国家中，8%的国家为发达国家（荷兰、波兰、挪威、捷克、圣马力诺、塞浦路斯、保加利亚、韩国、爱沙尼亚、以色列）。

表 4-1　主要国家碳中和目标所符合的公平方案占比

国家	责任、能力或（和）基本需求原则	人均主义原则	国家主义原则	多阶段公平原则
阿根廷	100%	100%	100%	100%
加拿大	15%	56%	100%	100%
法国	0	58%	100%	100%
英国	1%	58%	100%	100%
意大利	0	58%	100%	100%
日本	3%	58%	100%	100%
韩国	100%	56%	100%	100%
美国	15%	56%	100%	100%
南非	100%	58%	100%	100%
澳大利亚	0	56%	100%	100%
巴西	21%	58%	100%	100%
中国	99%	72%	100%	40%
德国	3%	44%	100%	90%
印度	100%	28%	0	0
印度尼西亚	46%	72%	100%	40%
俄罗斯	65%	69%	100%	40%
沙特阿拉伯	100%	69%	100%	40%
土耳其	100%	100%	100%	80%

资料来源：模型计算

4.2　政策设计

国家层面的气候政策是全球实现碳中和目标的重要基石。应对气候变化这一典型负外部性问题，公共政策的地位至关重要且不可替代。完整全面、清晰准确、稳定可行的气候政策体系能为低碳技术研发与应用、气候投融资以及国际应对气候变化合作塑造清晰信号，也为企业、金融投资者、社会团体和公民自下而上实施气候行动提供明确指引、转型激励和监管约束。反之，不完善、不清晰、不稳定的气候政策难以引导各级政府和非政府行为体在长期内进行低碳转型。本章基于对碳中和目标落实、技术发展、投融资支持三个方面政策的分析，对 197 个国家的碳中和政策进展进行综合评估，包括对碳中和目标具体路线图、碳中和目标监管体系、碳中和技术战略目标、各国气候投融资承诺宣示、碳中和技术支持政策以及气候投融资支持政策 6 个指标的评估。

4.2.1　碳中和技术战略目标

实现气候转型目标手段的实质是以低碳友好型技术取代化石燃料依赖型技术，技术演化渗透特征可视为转型路径的核心体现。在促进实现气候目标和提升产业竞争力的双重目标激励下，各国政府针对本国技术优势制定对应的发展战略。具体而言，技术战略目标通过明确未来特定年份下技术的应用规模，以布局相关产业的发展目标。

气候目标的实现需要全社会经济体的系统性变革。与此对应的是，气候友好技术的定义也同样具有系统性和复杂性，因此目前的定义还存在模糊边界。需要强调的是，本书选择了具有典型性并且减碳效应具有广泛共识的七类碳中和技术，分别是可再生能源发电、电动汽车、节能、CCUS、生物燃料、可再生氢和碳汇开发。

本书收集了各国以官方文件的形式针对各类碳中和技术及相关产业提出的国家层面的战略发展目标的信息，并计算了已提出战略目标的国家占全球 GDP、人口和碳排放的比例，汇总在图 4-11 中。从图 4-11 中可以看出，明确提出碳中和技术发展战略目标的国家覆盖了全球较大比例的 GDP、人口和碳排放，尤其是可再生能源发电技术、电动汽车技术和可再生氢技术的覆盖比例均超过一半，表明这些技术对于全球大多数国家均具有战略发展意义。对于生物燃料技术、节能技术和 CCUS 技术而言，提出战略目标的国家相对较少。其中，生物燃料需要极大程度依赖于当地的生物质资源供给，因此仅在拥有特定生物质资源的国家中会得到足够的重视。节能技术由于涵盖范围非常广泛，其定义依赖能效的相对指标，甚至会发生动态变化，因此可能难以在国家技术战略目标中得到定量体现。对于 CCUS 技术而言，其成本相对较高，商业化模式仍不清晰，因此各国对其战略目标的制定较为谨慎。

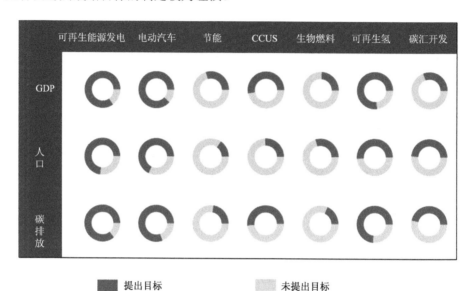

图 4-11　提出碳中和技术目标的国家所占的 GDP、人口和碳排放比重

从碳中和技术的目标雄心来看，发展中国家和发达国家的偏好存在一定的模式差异。许多发展中国家会依靠当地的资源优势，对技术资源依赖性技术（碳汇开发和生物燃料）提出目标，比如提出碳汇开发技术的国家覆盖了全球近一半的人口，但其 GDP 只占到了全球的 30% 左右，说明其主要是相对欠发达国家；而发达国家主要依托其技术优势制定自身的产业战略，比如提出科技依赖型技术（可再生能源发电技术、电动汽车技术、可再生氢技术）的国家所占的 GDP 比重明显高于人口比重，说明其主要是发达国家。

4.2.2　气候投融资承诺宣示

NDC 和 LT-LEDS 文件中各国对资金问题的相关表述可以反映其对气候投融资的关注度。截至 2022 年底，提交了 NDC 的国家中 89% 提及了气候融资，仅有包括印度、日本、巴西、阿根廷、沙特阿拉伯在内的 21 个国家未明确在 NDC 中涉及气候融资。提交了 LT-LEDS 的国家全部提及了气候融资。然而各国对于气候融资的涵盖范围、融资机制、融资需求、融资用途等要素的理解和表态存在差异。涵盖范围上，各国对于是否包含国际流动的气候融资未达成共识，承诺提供国际气候融资支持的国家仅占提交 NDC 国家总数的 6%。融资机制上，近半数国家在提交的 NDC 中强调应建立专门融资机制支持气候行动。融资需求上，仅有 44% 的 NDC 和 26% 的 LT-LEDS 中明确提出了气候融资的定量需求。融资用途上，减缓资金用途集中在可再生能源、能源效率、工业、交通、林业和土地利用等方面，适应资金需求则集中在水资源管理、农业、海岸保护、灾害风险管理及生物多样性保护相关活动中。

尽管众多国家在 NDC 和 LT-LEDS 中都提及了气候融资的信息，但从文本来看各国对气候融资的关注程度存在差异。在"自主贡献"的原则下，应鼓励和帮助发展中国家在其 NDC 与 LT-LEDS 文件中明确声明气候资金定量或定性需求及用途，便于发达国家和国际金融机构为其提供符合需求的融资支持。

4.2.3　碳中和目标具体路线图

近六成的国家设有国家级碳中和路线图，发达国家中设有国家级碳中和路线图的比例高于发展中国家。由图 4-12 可知，58% 的国家设有国家级碳中和路线图，38% 的国家则没有这样的路线图，剩下的国家未明确是否有。从国家类型看，欧盟成员国中有 78% 的国家设有国家级碳中和路线图，而金砖国家、小岛屿发展中国家及最不发达国家、其他国家中设有国家级碳中和路线图的国家比例均低于全球平均水平。

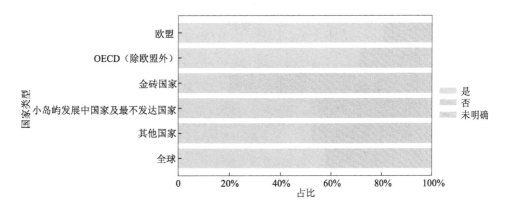

图 4-12　国家级碳中和路线图

　　考虑历史排放和发展阶段，发展中国家相比发达国家制定了更加有雄心的人均碳排放中短期和长期碳中和目标。对于已达峰的发达国家——法国、德国、英国和韩国的人均碳排放峰值为 10~16 吨二氧化碳当量，达峰时人均 GDP 为 2.7 万~3.1 万美元。美国和澳大利亚的人均碳排放峰值为 26 吨二氧化碳当量，达峰时人均 GDP 约为 5 万美元。反观发展中国家如巴西，达峰峰值的人均碳排放量小于等于 10 吨，达峰时人均 GDP 在 1 万美元以下。由此可见，发展中国家虽然在平衡经济和碳排放上面临更大挑战，但仍然制定了更有雄心的中短期和长期的碳中和目标。

　　各国区域碳中和目标的政策偏好存在差异，意大利和韩国倾向于在城市尺度制定碳中和目标，中国主要基于省份提出碳中和目标。从图 4-13 可以发现，大多数欧盟及 OECD（除欧盟外）国家的区域碳中和政策倾向于在二级行政区域和三级行政区域双管齐下。英国、加拿大和日本有碳中和的两类行政区域占

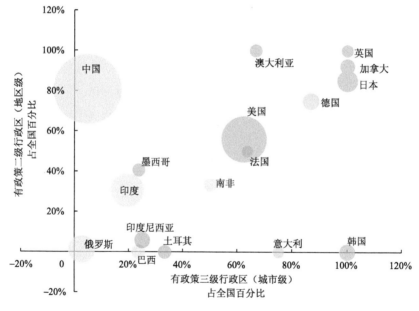

图 4-13　全球部分国家有政策区域占比

资料来源：NetZero Tracker

气泡大小表示 G20 国家 2021 年的碳排放量的多少；不同颜色代表不同的国家集团，蓝色代表欧盟，橙色代表 OECD（除欧盟外）国家，黄色代表金砖国家，绿色代表其他国家。二级行政区（地区级）指全球各国的区域，三级行政区（城市级）指全球各国人口超过 50 万人的城市

比均在 85% 以上。美国、法国和德国在二级和三级行政区域包含碳中和政策的区域比例在 60%~80%。中国的区域碳中和政策主要聚焦二级行政区域，区域碳中和政策覆盖度达到了 80%。其他发展中国家的二级和三级行政区域碳中和政策覆盖比例低于 50%。

在行业层面上，各国的碳中和目标基本都覆盖电力行业，但只有部分国家提出了工业的碳中和目标。对于电力行业，除澳大利亚以外的所有 G20 国家都承诺发展可再生能源。然而 G20 国家提出工业减排目标的较少且异质性较大，已有工业目标主要关注煤电、钢铁和 HFC（hydrofluorocarbon，氢氟碳化物）行业。由表 4-2 可知，南非承诺在 2050 年淘汰超过 35 吉瓦的煤电。澳大利亚和美国都提出要在 2036 年减少 85%HFC 的目标。日本提出要在 2050 年实现钢铁产业零排放，德国的目标为钢铁行业的碳排放强度降低 45%。

表 4-2　部分 G20 国家的工业减排目标

国家	目标年份	目标内容
澳大利亚	2036	与 2011~2013 年相比，减少 85%HFC 进口
德国	2030	工业排放量减少至每年 1.19×10^8 吨二氧化碳当量
	2030	钢铁行业的碳排放强度降低 45%
印度尼西亚	2050	淘汰煤电
日本	2050	钢铁产业实现零排放
南非	2022；2030；2050	分别为淘汰煤电 5.4 吉瓦；10.5 吉瓦；超过 35 吉瓦
韩国	2050	主要钢铁企业实现零排放
英国	2030	10 亿英镑支持在四大工业集聚区建立 CCS
美国	2021 年以后 15 年	HFC 的生产和销售减少 85%

4.2.4　碳中和目标监管体系

碳中和目标尚未普遍纳入发展中国家的法律框架，而发达国家将碳中和目标纳入法律框架的比例相对较高。由图 4-14 知，截至 2023 年全球仅有 18 个国家（9%）以法律形式确立了碳中和目标，政策文件和拟议的国家数量较为相似，分别占比 21% 和 25%。从国家类型看，欧盟与 OECD 非欧盟国家在法律中涉及碳中和的国家比例均达到 35%，且以政策文件提出碳中和的国家也分别占 42% 和 29%，均显著高于全球平均水平。

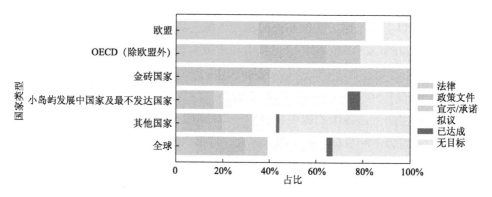

图 4-14　碳中和目标的法律完备性

　　在碳减排的过程中，过度依赖碳信用和碳移除技术会给碳中和目标的实现带来不确定性和高风险性。因此，本书基于是否计划使用碳信用以及是否有独立碳移除目标衡量全球各国在实现碳中和过程中的可靠性和有效性。目前，全球 46% 的国家未明确是否计划使用碳信用，仅 5% 的国家有独立的碳移除承诺，这一比例显著低于无独立碳移除承诺的 57%（图 4-15）。从国家类型看，欧盟国家中计划使用碳信用的国家比例约为 11%。除金砖国家外，各国家类型中有独立的碳移除目标的国家比例较为接近，OECD 非欧盟国家相对较多，为 14%，欧盟为 8%，小岛屿发展中国家及最不发达国家为 6.6%。

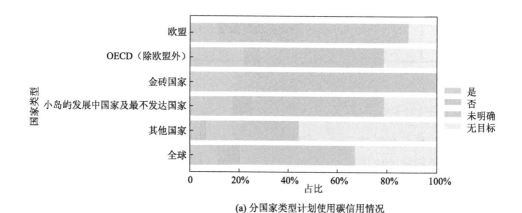

(a) 分国家类型计划使用碳信用情况

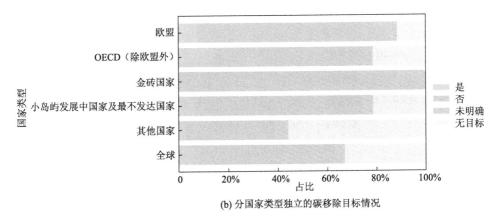

(b) 分国家类型独立的碳移除目标情况

图 4-15　碳中和目标的可靠性和有效性

在监管机制方面（图 4-16），虽然全球针对碳中和目标的审查报告制度较为明确，但是亟待健全问责制度。这一审查报告制度基于 UNFCCC，除了要求各缔约方每五年更新一次 NDC 之外，还需要提交《双年透明度报告》来跟踪各国进展。目前有 63% 的国家具有报告机制，年度报告和非年度报告的国家比例分别为 19% 和 44%。从国家类型看，73% 的欧盟国家和 57% 的 OECD 非欧盟国家按年度发布报告，60% 的金砖国家以非年度报告的形式开展。然而，全球有 38% 的国家未明确是否具有问责制度，具有问责制度的国家比例仅为 5%。

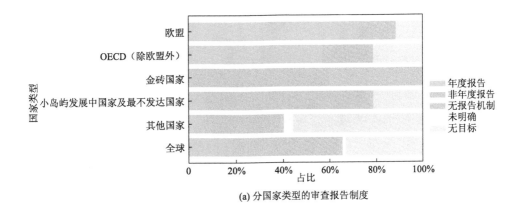

(a) 分国家类型的审查报告制度

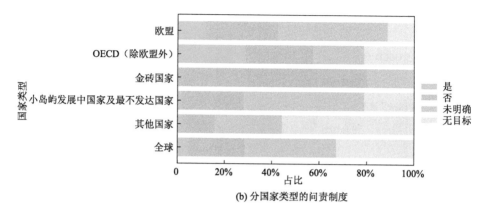

(b) 分国家类型的问责制度

图 4-16　碳中和目标的监管机制

依照各国最新一次（2020 年或 2022 年）发布的双年报（biennial reports，BR），对发达国家至发展中国家国际减缓技术转移项目的进展进行评估发现，如图 4-17 所示，能源领域是附件 1 国家向其他国家技术援助的重点，占 2015 年至 2023 年总国际技术转移项目数的 52%，其中可再生能源占比最高。发展中国家对于工业和建筑部门的碳中和技术需求亟待满足。从能源领域具体着力点看，各国技术转移项目对可再生能源技术关注度最高，有 24.3% 的项目在可再

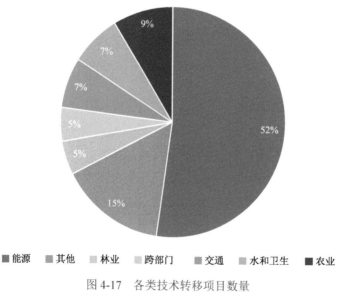

图 4-17　各类技术转移项目数量

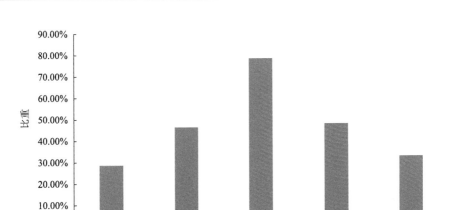

图 4-18　技术转移的各领域中"软性支持"占总体比重

生能源领域开展，光伏发电技术显著受到青睐，其次地热能利用、生物质利用也同样是技术转移项目关注的焦点。值得关注的是，各国技术转移项目并非完全排除对火电的支持，仍有 4.4%的项目专注于提升火力发电效率或者应用天然气发电。从技术支持的类别上看，如图 4-18 所示，以提供项目管理和技能培训等支持为主的"软性支持"占总体项目的一半以上，达到 52.2%，其中 46.6% 是能源项目。从具体领域来看，交通领域"软性支持"占 28.6%，是技术支持最多的五个领域中"软性支持"占比最低的。

南南合作项目重视减缓与适应的协同作用，"硬性支持"多发生在农业、水和卫生等技术门槛较低的领域。虽然发展中国家开展合作的积极性高，但是来自发达国家在先进技术领域的支持仍必不可少。项目具体内容显示，78.8%的南南合作项目为减缓与适应并重的项目，能源领域也同样是南南合作项目援助的主要领域，占总项目的 25%（图 4-19），气候灾害预警与减灾基础设施、农业生产及价值链对气候灾害的适应问题是各国在设计项目时关注的重点。

如表 4-3 所示，当前存在的所有碳中和技术相关贸易壁垒可以被归类为：关税政策、产业保护补贴政策、双反调查、更严格的产品生产要求和特殊政策。指标分传统碳中和技术相关贸易壁垒和非传统碳中和技术相关贸易壁垒来进行分析研究，传统碳中和技术相关贸易壁垒指的是，具有明确的限制对象、直接

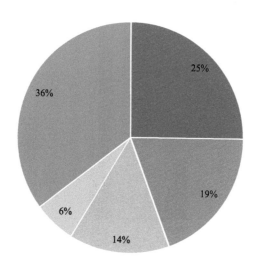

图 4-19　南南合作中各领域项目比重

表 4-3　目前碳中和技术相关贸易壁垒政策

国家（地区）	领域	类型	名称
美国	光伏	关税、双反	201 条款、301 条款
	全领域	产业政策	《战略和关键材料百日部门审查报告》、第 14017 号行政令
	全领域	特殊政策	"受关注外国实体"定义的细则
	新能源	产业政策	《通胀削减法案》
欧盟	电池	严格生产要求	《电池法规》
	光伏	关税、双反	光伏玻璃额外关税
	新能源	产业政策	REPowerEU
澳大利亚	光伏	双反	终止调查

针对产品本身的限制政策，通常具有极高的辨识度。非传统碳中和技术相关贸易壁垒根据政策针对的对象，可以分为三类：第一类，以相关技术的全产业链为竞争对象，通过控制上游供给实现对产业链的控制；第二类，对相关技术全产业链进行溯源，通过审查产业链中的人权、环境因素，限制相关产品的进口；第三类，对本国产业实行极具优惠和排外的产业政策，以打造本土产业链为名义实行贸易保护。通过对评估上述政策影响的研究进行梳理可

以发现，非传统碳中和技术相关贸易壁垒导致的供应链不能在全球合理配置长期会造成全球新能源的成本增加，并拖延转型的时间，大幅推迟碳中和目标的达成，不利于全球气候目标实现。

4.2.5 碳中和技术支持政策

碳中和技术替代传统化石燃料技术是碳中和路径的核心体现。然而，在绝大多数情况下，碳中和技术的综合成本要高于化石燃料技术，这使得碳中和技术往往不会成为市场的首要选择。因此，碳中和技术的加速应用需要政府的介入、引导和支持，打破技术在初期部署中缺乏足够内生动能的瓶颈。

本书分别对主要发达国家（表 4-4）和发展中国家（表 4-5）汇总了七类碳中和技术的政策支持信息，并对其政策进行分类别梳理。全球主要技术应用国家正积极组合各类强制型、激励型、配套型政策以推动各类技术发展。其中，强制型政策涵盖立法、标准、命令等多个层面，激励型政策主要为补贴、税收、基金、贷款等绿色金融手段及试点/合作项目部署，电动汽车技术、可再生氢技术辅以相应配套型措施。可再生能源发电政策覆盖度最广，超一半国家提出可再生能源推动支持政策，其中近 30 个国家提出了化石燃料禁令政策，禁令时间集中在 2030 年及以后，电力部门关注度最高。电动汽车、节能、碳汇开发技术覆盖范围较广。可再生氢、CCUS 等资源/经济依赖性技术仅在少数国家进行强有力的政策组合推动。对主要技术应用国家进行支持政策对比发现，发达国家相对于发展中国家对技术支持的重视度整体较高，但发展中国家中中国表现较为亮眼，在各个技术上均推行了支持政策。此外，国家间在技术选择、政策模式上存在差异性。在技术选择上，中国、加拿大等经济体量大国在各个技术上均推行了支持政策。欧洲发达国家倾向于推进交通领域技术发展，重点支持电动汽车、可再生氢、生物燃料发展。得益于当地资源条件，部分东南亚及非洲国家倾向于推行生物燃料及碳汇开发技术支持政策。在政策模式上，中国和美国倾向于强制型与激励型政策并重，欧洲国家倾向于通过激励型政策支持各技术发展。

表 4-4   主要技术应用支持政策一览表（发达国家）

国家	可再生能源发电技术	电动汽车技术	节能技术	可再生氢技术	生物燃料技术	CCUS技术	碳汇开发技术
美国	×	×O	▲×		▲×	▲×	×
日本	▲×	×O	▲×	O	▲×		×
加拿大	▲×	▲×O	▲×	O	▲	×	×
韩国	×	▲×	▲×	×O			×
德国	×	×O	▲×	×O	▲×		
英国	▲×	▲×O	▲×			×	
意大利	×	×	▲×		▲×		
西班牙	▲×	×	▲×	O	▲×		
澳大利亚	×		▲×	O	×	×	×
挪威		×			▲×	×	
瑞典		×O			▲×		
荷兰		▲×O		×O	▲×	×	
葡萄牙		×			▲×		
冰岛		▲×O					
芬兰		×O			▲×		
新西兰		×					×
瑞士		×			▲×		
波兰		×O		O	▲×		
法国		×O	▲×	×O	▲×		
奥地利				×O	▲×		×
比利时				×O	▲×		
捷克					▲×		
新加坡							
丹麦						×	
斯洛文尼亚							×
斯洛伐克							×

注：强制型政策▲；激励型政策×；配套型政策O。下同

表 4-5　　主要技术应用支持政策一览表（发展中国家）

国家	可再生能源发电技术	电动汽车技术	节能技术	可再生氢技术	生物燃料技术	CCUS 技术	碳汇开发技术
中国	×	▲×O	▲×	×O	▲×	▲×	×
印度	×	×O	▲×	×O	▲×		
俄罗斯	×		▲				
巴西	×		▲×	O	▲×	▲	
伊朗	×					×	
沙特阿拉伯	×		▲			×	
墨西哥	×		▲×	×			×
土耳其	×		▲×	×O			×
印度尼西亚	×		▲×		▲×		
越南	×						
南非	×		▲×			×	
泰国	×		▲×		▲×	×	
保加利亚	×				▲×		×
智利	×			×O			
阿根廷	×			×O	▲×		×
马来西亚					▲×	×	
哥伦比亚	×				▲		
菲律宾	×				▲×		×
秘鲁	×				▲×		
巴林	×					×	
埃及	×			×O		×	
伊拉克						×	
肯尼亚	×						×
喀麦隆	×						×
摩洛哥	×						×
阿尔及利亚	×			O			×

　　本书同时还比较了不同技术类别政策推动模式的差异性，如图 4-20 所示。可再生能源发电技术、电动汽车技术倾向于以税收减免、补贴、投资等绿色金融政策手段来推进发展，少数国家搭配强制型政策或配套措施来促进技术推行。节能技术、生物燃料技术倾向于以强制命令型政策、激励型政策驱动技术发展。

CCUS 技术、碳汇开发技术倾向于推进试点项目激励技术发展，并辅以相应的标准、财政补助及配套设施。

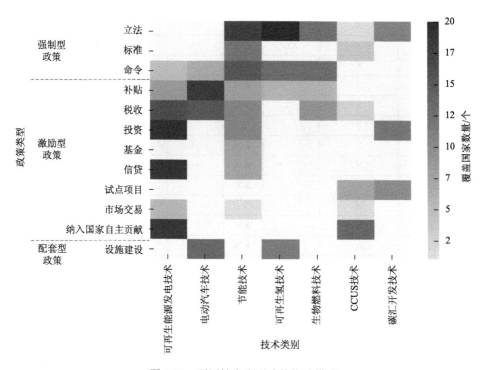

图 4-20　不同技术类别政策推动模式

4.2.6　气候投融资支持政策

良好的可持续金融政策体系能为投融资机构支持气候行动与可持续发展塑造清晰的政策信号。可持续金融是指在金融领域进行投资决策时，充分考虑环境、社会、治理（environmental, social and governance，ESG）因素，从而提升对可持续经济活动和项目的长期投资[①]，是实现包括气候目标在内的联合国可持续发展目标的重要手段。近年来可持续金融政策数量快速增加，截至 2022 年 4 月，94 个国家共颁布了 863 条支持可持续金融发展的政策，包括 ESG 管理专项政策、宏观战略与政策、市场标准与指南类政策及综合性政策等。从政策出台

---

① World Bank Group. Sustainable Finance.https://www.worldbank.org/en/topic/financialsector/brief/sustainable-finance[2023-07-03].

数量来看，出台政策排名前十的有 9 个发达国家和地区（德国、欧盟、意大利、西班牙、法国、美国、日本、荷兰、芬兰），包括 7 个欧洲国家（地区），而中国作为唯一的发展中国家进入出台政策数量前十之列，排名第一（49 项）。在政策类型偏好上，中国出台的可持续金融宏观战略政策以及市场标准指南数量和比例均显著高于其余 9 个发达国家（地区），并且出台多项政策支持可持续金融产品发展。相比之下，排名前十的其余国家与地区更加偏好 ESG 管理相关政策，注重企业和投资者的 ESG 披露、整合与尽责管理。

气候相关金融风险的管理政策旨在推动市场主体披露经营活动的气候风险，为央行和监管机构监管金融风险以及为市场根据气候风险重新对资产进行估值提供信息，加速投融资活动远离气候风险敞口较高的行业。截至 2022 年，全球共有 31 个国家和地区的央行、监管机构和金融机构已经开展了气候相关金融风险的评估。从区域分布看，大多数开展风险评估的国家（地区）位于欧洲（19 个，含欧盟），其次是亚洲（6 个）。为逐步对气候相关金融风险进行管理，一些国家和地区开始推行气候相关金融风险的披露工作。截至 2022 年，已有 12 个国家和地区颁布政策要求企业、金融机构等市场主体强制披露运营活动相关的气候风险信息，这些披露要求大多遵循"不披露就解释"的原则，要求受监管主体披露信息，否则需要解释不进行披露的原因。气候相关金融风险的披露可包含在 ESG 信息披露的框架内，且许多国家和地区要求披露的信息与气候相关财务信息披露工作组（Task Force on Climate-related Financial Disclosures，TCFD）建议保持一致。此外，澳大利亚、韩国、马来西亚、南非、希腊、匈牙利 6 个国家发布了自愿披露的指南或原则，鼓励相关主体进行披露。还有 5 个国家宣布将在未来颁布披露政策。

第5章 全球碳中和进展评估方法应用：行动与成效

5.1 零碳行动

国家层面的气候行动是全球实现碳中和目标的关键环节，也是推动国家高质量发展的内在要求。碳中和行动也将加速能源系统革命，促进产业结构升级，提升国际贸易竞争力，为经济高质量增长注入新的活力。碳中和行动涵盖能源、建筑、工业、交通等关键部门，涉及科技创新、金融支持、国际合作等多重要素，能源结构绿色低碳转型是实现碳中和目标的前进方向，技术创新是减少能源系统排放的关键驱动力，金融工具是实现行动部署的重要推手，国际合作是践行多边主义、彰显国家责任担当的主要渠道。本章基于对碳中和技术部署、投融资规模、化石能源转型、国际合作进展四个方面行动的分析，对 197 个国家的碳中和行动进展进行综合评估，包括对碳中和技术部署进展、碳中和技术创新能力、气候投融资行动进展、化石能源转型进展及国际合作行动进展五个指标的评估。

5.1.1 碳中和技术部署进展

由于碳中和实现路径的实质是低碳技术的扩散，因此各类碳中和技术的部署进展可作为碳中和行动的关键指标。本章总结了数类典型的碳中和技术国别层面的部署数据，并计算了各类国家的贡献，如图 5-1 所示。可见，整体上发达国家和发展中国家在不同类型碳中和技术的部署进展上具有不同的分布规律：对于成熟的技术，发展中国家和发达国家的部署进展基本相同；对于资源依赖型技术，发展中国家有较大的潜力；而先进技术方面，发达国家走在前列。此外，成熟技术（可再生能源发电技术和电动汽车技术）在发达国家和发展中国家的部署进展基本持平。发展中国家的可再生能源装机容量占全球的 60%，其中光伏占 55%，水电占 65%。从电动汽车的保有量来看，发展中国家的纯电动轻型乘用车和插电混合电动轻型乘用车分别占全球总量的 57% 和 34%，形成了发展中国家和发达国家旗鼓相当的局面。然而需要注意的是，发展中国家的电动汽车保有量 95% 以上来自中国，因此中国以外的发展中国家的电动汽车技术的部署仍有待推动。对资源依赖型技术（生物燃料技术和碳汇开发技术）来说，区域资源分布特征是主要影响因素，占地广阔的发展中国家有巨大的潜力（生物柴油产量和森林碳汇储量是发达国家的三倍）。对先进技术（节能技术、可再生氢技术和 CCUS 技术）来说，发达国家依靠技术优势走在前列，发展中国家的部署情况相对较差。

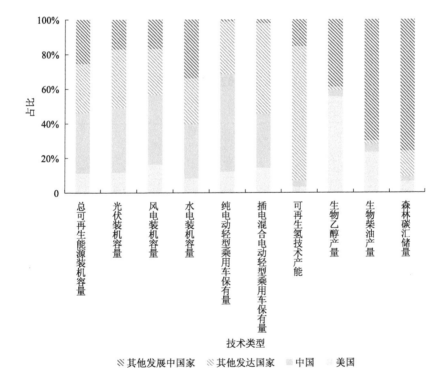

图 5-1　不同类型碳中和技术部署进展的分国家占比图

尽管碳中和技术的部署无法与各国提出的气候承诺直接对应，但可以与所提出的技术战略承诺对比。本章选择了两类当前发展最快也是覆盖国家范围最广的碳中和技术——可再生能源发电技术和电动汽车技术，比较了这两类技术的部署进展和目标雄心的差距，图 5-2 和图 5-3 以可再生能源发电占比和电动汽车销量占比为例，展现了部分国家历史发展趋势和目标值的差距。从图 5-2 可见，对于可再生能源发电而言，当前部署渗透率较高的国家提出的目标更加具有雄心，可行性相对乐观。例如，哥斯达黎加、奥地利和新西兰等高可再生能源渗透的国家提出 2030 年可再生能源发电占比 100%的目标。部分国家达成其目标的趋势较好，如印度尼西亚提出到 2030 年达到 20%，2021 年已达到 18%。尽管大部分国家照现在的趋势是可以达到的，但是仍然有一小部分国家的目标具有挑战性。例如，新西兰 2021 年可再生能源发电占比为 34%，距离其 2030 年 100%的目标有较大距离；爱尔兰 2021 年可再生能源发电占比为 37%，距离其 2030 年 70%的目标仍有一定的差距；这些国家未来几年需加速电网清洁化，大力提升新能源发电比例。对于电动汽车而言，当前销量渗透率较高的国家也倾向于制定更加具有雄心的目标。例如，北欧国家（挪威、冰岛、瑞典、丹麦、芬兰）电动汽车的销量占比较高，在 2021 年均突破 25%。同时，这些国家均设

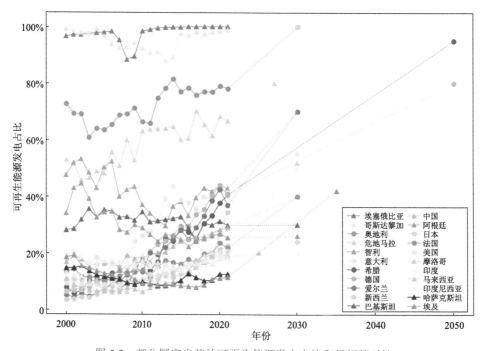

图 5-2　部分国家当前的可再生能源发电占比和目标值对比

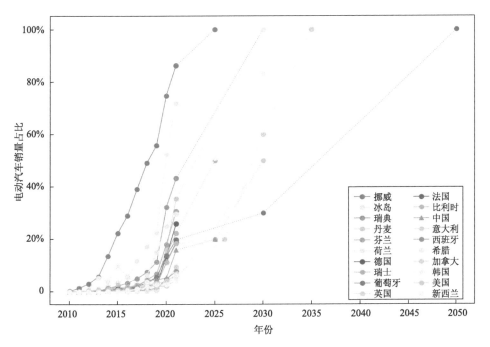

图 5-3　部分国家当前的电动汽车销量占比和目标值对比

定了 100%的电动汽车销售目标，挪威设定在 2025 年，其他北欧国家设定在 2030 年。西欧国家和中国的电动汽车销量占比也较高，在 2021 年均突破 15%，目前中国距离其 2025 年电动汽车销量占比 20%的目标最为接近，有望提前达成。尽管电动汽车销量占比靠前的绝大多数国家在最近 3~5 年有快速增长趋势，但在意大利、西班牙、希腊、加拿大、韩国和美国，这个趋势并不是很明显，而且这些国家距离销量目标仍有较大差距，仍需要进一步的政策驱动。

5.1.2　碳中和技术创新能力

从技术的视角出发，碳中和行动除了包括技术的应用外，还应当追踪各类技术当前的研发水平，尤其是仍需要打破研发壁垒的各类技术。本书的专利信息数据来自全球专利数据库集成平台 incoPat。incoPat 是检索和分析全球专利最权威的数据库之一，目前被全球 40 多个国家专利局审查员使用和信赖。本书搜集了 12 类技术分国别的专利数目，展示在图 5-4 中。从图 5-4 中可见，发达国家的碳中和技术创新能力远高于发展中国家。美国、日本、德国、英国、韩国等发达国家整体上技术创新能力较强，处于领先地位；少数发展中国家（主要是中国）在可再生能源发电、电动汽车、可再生氢等技术上具备有力的创新竞争力。在各类碳中和技术的申请专利数目的占比中，发达国家占比最低的技术是可再生氢技术，占比为70%；发达国家占比最高的技术是CCUS技术，占比为90%。由于CCUS技术成本高昂，具有一定的准入门槛，因此其创新也主要由发达国家所引领。在发达国家中，碳中和技术创新能力最领先的国家是美国。由美国申请的专利数目占到发达国家申请总数目的19%~50%，其中占比最低的是水电技术，占比最高的是碳汇开发技术。在发展中国家中，中国是碳中和技术创新综合实力最强的国家，其申请的专利数目占到全部发展中国家申请数量的14%~70%，其中占比最低的是生物燃料技术，占比最高的是电动汽车技术。

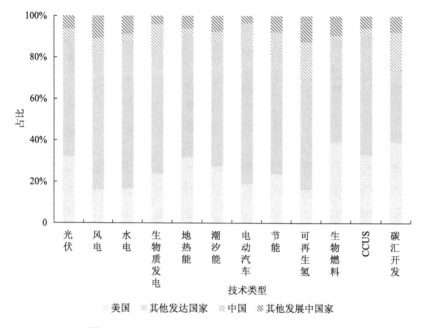

图5-4 不同碳中和技术的专利申请国家结构占比

5.1.3 气候投融资行动进展

将气候行动和其他可持续发展目标融入政府财政预算的规划中对于提高公共支出的可持续发展社会效益至关重要。截至2023年6月，142个国家（地区）公布了最新财年预算数据，其中有37个国家（地区）同时公布了气候相关行动预算信息。图5-5展示了各国（地区）气候相关行动预算占比与各国（地区）

财政预算规模的情况。

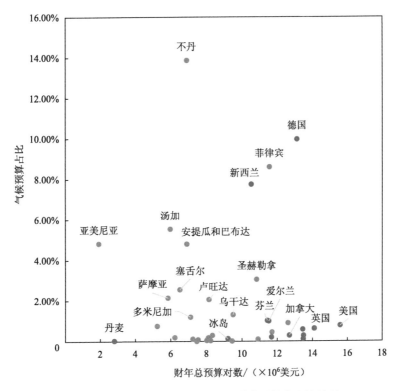

图 5-5　气候预算在国家（地区）财政预算中占比情况

红色数据点为发达国家（地区），蓝色数据点为发展中国家（地区）

从预算占比看，绝大多数国家（23 个）气候相关项目预算占总预算比例低于 1%。所有披露气候相关预算信息的国家（地区）中，占比最高的是不丹，其"与气候行动有关的主要资本活动"在国家总支出中占比达到 13.9%；其次是德国，气候预算支出占比为 9.98%，考虑其国家财政预算总规模较大，德国气候行动的财政预算绝对规模在统计的国家（地区）中排名第一，达到 467.84 亿美元。此外，菲律宾、新西兰、汤加、安提瓜和巴布达、亚美尼亚的气候相关行动预算占比高于 4%。公布数据的国家（地区）中，除德国（9.98%）、新西兰（7.74%）、芬兰（1.01%）之外，其他 10 个发达国家的气候行动预算占比均低于 1%。气候相关行动预算占比排名前十的国家（地区）中有 8 个是发展中国家（地区），虽然其政府财政预算总规模较小，但是这些国家（地区）在能力范围之内对气候变化行动给予了力所能及的支持，如不丹、菲律宾、汤加等的气候行动预算占比超过大部分发达国家。

碳定价机制为促进全社会气候投融资创造显性市场激励。截至 2022 年 4 月 1 日，全球共有 50 个国家和地区建立了碳定价机制，覆盖温室气体排放量约为 118.6 亿吨二氧化碳当量，约占全球排放量的 23.17%。目前的碳定价机制大多集中在发达国家，全球仍有大部分国家和区域没有相关的进展，特别是非洲、南亚、东南亚、大洋洲等地区。各个国家（地区）的碳定价机制各具特色且不尽相同。从覆盖部门来看，阿根廷、哥伦比亚、冰岛、爱尔兰等国家的碳定价机制适用于全经济部门，而中国、丹麦、法国、韩国等国家的碳定价机制目前只针对部分碳密集型部门（如工业、电力部门等）；从覆盖温室气体范围来看，加拿大、智利、中国、日本等国家的碳定价机制仅针对 CO_2，而丹麦、德国、韩国、挪威等国家的碳定价机制覆盖了所有温室气体（CO_2、CH_4、N_2O、SF_6、HFCs 和 PFCs）。然而，目前碳价水平尚不足以实现具有雄心的气候目标。如图 5-6 所示，各国的显性碳价水平为 0.5~137.3 美元/吨二氧化碳当量，但碳定价

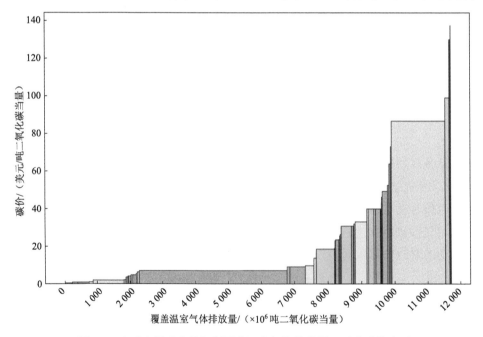

图 5-6 全球各国碳定价机制覆盖温室气体排放量及对应碳价水平

数据截至 2022 年 4 月。以不同颜色代表不同国家的碳定价机制，柱高代表该机制碳价水平，柱宽代表该机制覆盖的温室气体排放量

机制覆盖温室气体的平均价格仅为 24.8 美元/吨二氧化碳当量。根据国际货币基金组织的研究，为了实现将全球变暖限制在 1.5 至 2 摄氏度以内以避免气候灾难的目标，全球平均碳价需要在 2030 年达到 75 美元/吨二氧化碳当量。

　　绿色债券的发行有助于调动更大规模、多种类的资金流向低碳环保领域。近年来全球绿色债券发行量增长迅猛，从 2014 年的 370 亿美元增长到了 2021 年的 5227 亿美元，年均增长率达到了 45.98%。全球绿色债券市场规模在 2021 年首次突破 5000 亿美元大关，至 5227 亿美元，较 2020 年增长 75%。这是绿色债券市场有史以来的最高值，且市场扩张的趋势持续了十年。2017~2021 年绿色债券市场规模前十的国家为美国、德国、英国、法国、西班牙、意大利、荷兰、瑞典、加拿大和中国，图 5-7 展示了这 10 个国家 2017~2021 年的绿色债券发行规模情况。

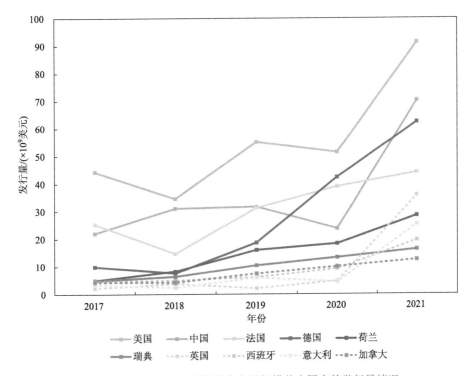

图 5-7　2017~2021 年绿色债券市场规模前十国家的发行量情况

　　美国始终保持其在绿色债券发行量上的领先地位，2021 年的发行规模达到了 913 亿美元。中国从 2020 年的动荡（237 亿美元）中反弹过来，2021 年绿色债券发行量达到了 702 亿美元，成为绿色债券发行量第二的国家。在金融企业强劲增长的推动下，德国 2021 年绿色债券规模同比增长 47%，至 625 亿美元，在 2021 年成为发行量第三的国家。法国在 2018~2020 年一直是绿色债券发行量前三位的国家，但在 2021 年被反超位于第四（441 亿美元）。英国在 2021 年发行量有大幅度的提升，达到了 359 亿美元，比 2020 年增长了近 7 倍。可以看出，发达国家始终保持着绿色债券发行的领跑地位，而发展中国家在绿色债券市场规模方面仍有较大的提升空间。

5.1.4　化石能源转型进展

碳中和路径的核心是以具有碳中和属性的可再生能源取代会破坏全球碳循环系统的化石燃料。两次工业革命使得人类社会大量使用以煤炭、石油和天然气为主的化石能源实现社会生产，而可持续发展和气候变化的议题需要人类社会逆转这一趋势，逐步淘汰化石燃料。在化石燃料相关产业发展中，由政府主导的化石燃料补贴被视为碳中和进程的重要阻碍要素。化石燃料补贴是指政府为了降低化石燃料价格而对生产或消费化石燃料的企业或个人提供的经济支持。虽然在一些国家，化石燃料补贴被视为支持国内经济发展的重要措施，但是这种政策受到国际社会的普遍反对，因为它鼓励了对化石燃料的过度消费，还可能削弱清洁能源技术的发展，不利于各国乃至全球碳中和目标的实现。因此，许多国家已经开始采取措施逐步减少和最终消除化石燃料补贴，并逐步推广清洁能源。2021 年达成的《格拉斯哥气候公约》，也要求各国逐步淘汰低效化石燃料补贴。

本书搜集了化石燃料占总能源消耗的比例，目前全球仍有 11 个国家的能源结构中 100% 均来自化石能源，以中东地区的化石能源富集地区为主。此外，本书还搜集了全球各国化石能源的补贴比例，为了可比性，本书计算了单位 GDP 的化石燃料补贴，并选择了前 15 的国家展示在图 5-8 中。从图 5-8 中可见，以中东（伊朗、黎巴嫩）、中亚（塔吉克斯坦）和北非（苏丹、利比亚）为主的国家仍在通过化石能源的补贴措施激励化石能源的使用。这些国家大部分拥有非常丰富的化石资源，相关产业也是支持国家发展的命脉，其转型需要付出高昂的相对成本，其难度巨大，需要在全球转型进程中得到更高的重视和更大的国际合作支持。

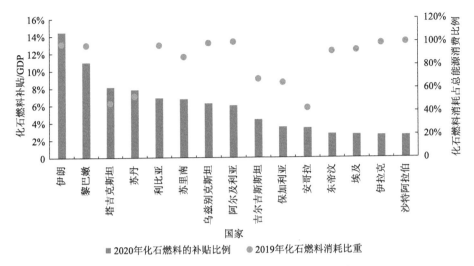

图 5-8　单位 GDP 的化石燃料补贴前 15 国家

5.1.5　国际合作行动进展

格拉斯哥净零金融联盟（Glasgow Financial Alliance for Net Zero，GFANZ）是以降低全球金融活动碳排放为目标的国际金融组织联盟，由联合国支持的负责任投资原则组织（Principles for Responsible Investment，UN PRI）是一个由全球各地资产拥有者、资产管理者以及服务提供商组成的国际投资者网络，GFANZ 和 UN PRI 的工作在气候投融资数据分析、净零排放转型规划、金融机构的可持续投资等方面发挥着重要的作用。

截至 2023 年，以欧洲、北美洲为代表的发达国家仍是 GFANZ 和 UN PRI 的主要成员。GFANZ 中发展中国家的成员机构占比仅为 10.8%。从国家分布来看，英国和美国是加入 GFANZ 的机构最多的两个国家，两个国家的成员机构数量占到了总数的四成。法国和德国位居其后，成员机构数量在 10 个及以上的国家共有 14 个，全为发达国家。欧洲加入 UN PRI 的机构数量最多，达到了 2755 家，其次是北美洲，数量为 1379 家，其他大洲的数量情况为亚洲 648 家、非洲 134 家、大洋洲 271 家；南美洲 212 家，占 4%。在 UN PRI 签署机构数量超过 100 个的国家中，发达国家占绝大多数，发展中国家仅占两席，分别是中国（129 个）和巴西（126 个）。发展中国家逐渐在国际气候金融合作倡议中崭露头角，但这些倡议仍由发达国家主导，国际气候金融合作需要听到更多来自发展中国家的声音。

全球环境基金（Global Environment Facility，GEF）和绿色气候基金（Green Climate Fund，GCF）是《联合国气候变化框架公约》下主要的资金流动渠道，发达国家负有向其注资支持发展中国家气候行动的义务。在 GEF-8 中，29 个国家共计承诺注资 46.40 亿美元，并且同意将至少 80% 的资金用于和气候变化相关的项目。图 5-9 显示了各国承诺的气候相关资金规模，其中，20 个负有出资义务的附件 2 国家共计承诺气候相关资金 36.3 亿美元，承诺出资最多的 5 个发达国家为德国（6.50 亿美元）、日本（5.10 亿美元）、美国（4.81 亿美元）、瑞典（3.77 亿美元）和英国（3.60 亿美元）；然而，希腊、冰岛和葡萄牙作为附件 2 国家没有承诺对 GEF 注资。9 个非附件 2 国家承诺对 GEF 注资，包括 6 个发展中国家（巴西、中国、科特迪瓦、印度、墨西哥、南非）和韩国、斯洛文尼亚、捷克，其中出资最多的非附件 2 国家为中国（0.26 亿美元）。

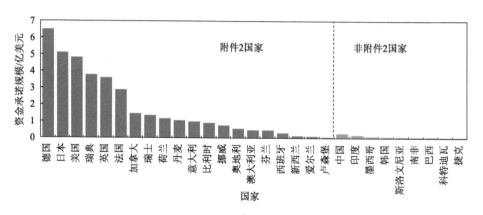

图 5-9　GEF-8 各国承诺气候相关资金规模

在 GCF-1 中，32 个国家承诺出资 98.66 亿美元。图 5-10 显示了各国承诺的气候资金规模，其中 20 个附件 2 国家承诺出资 96.43 亿美元，出资最多的 5 个发达国家为英国、法国、德国、日本和瑞典；没有承诺出资的附件 2 国家包括澳大利亚、希腊和美国。12 个非附件 2 国家承诺注资 2.23 亿美元，其中承诺出资最多的是韩国（2 亿美元），其余 11 个国家承诺出资 0.23 亿美元。相比于 GCF 的初始资源调动，GCF-1 的承诺出资规模增长了 18.7%。

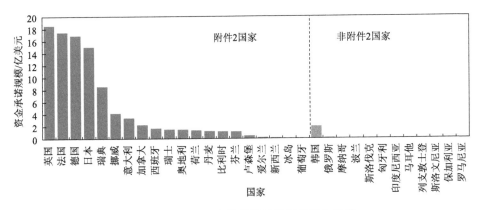

图 5-10　GCF-1 各国承诺气候相关资金规模

5.2　减排成效

碳减排是推进碳达峰、碳中和目标的根本路径，碳中和成效直观地反映了国家碳达峰、碳中和的实施情况及力度。本章基于对 1990~2019 年全球碳排放强度的分析，对 197 个国家的碳排放水平进行综合评估，包括对碳中和进展以及碳中和进度两个指标的评估，同时将各国的降碳难度作为调节系数纳入对碳中和成效的考量体系中。

5.2.1　碳中和进展

碳中和进展指标反映的是各国碳排放强度达峰后至 2019 年的年均下降水平与其碳中和目标的匹配情况。评估结果表明，过半国家降碳速度步入转型正轨，但仍有 12 个国家碳排放强度尚未达峰。

在该指标中，47.6%的发展中国家降碳速度步入转型正轨，东帝汶、刚果民主共和国、尼泊尔、吉布提、圣基茨和尼维斯、格林纳达、多米尼加等国家表现亮眼，其碳排放强度达峰后至 2019 年的年均下降量均超过 2019 年至碳中和目标所需年均下降量的 4 倍。67.6%的发达国家降碳速度步入转型正轨，马耳他、爱沙尼亚、丹麦等国家表现相对亮眼。如图 5-11 所示，世界前二十大经济体中，中国、俄罗斯、英国、德国、美国、法国、瑞士、西班牙等 8 个国家步入转型正轨。此外，布隆迪、马达加斯加、肯尼亚、布基纳法索、苏丹、科摩罗、马里、柬埔寨、越南、阿尔及利亚、刚果共和国、阿曼等 12 个国家的碳排放强度尚未达峰，面临着发展（减贫）和减排的多重矛盾，亟须国际支持。

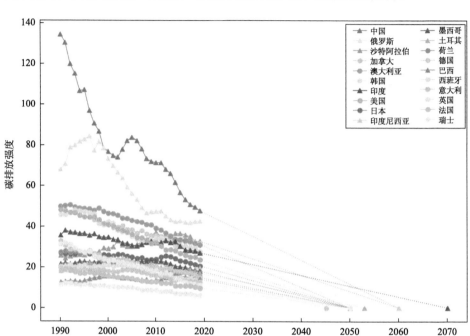

图 5-11　世界前二十大经济体碳减排成效情况

资料来源：世界银行

纵轴表示碳排放强度，单位为单位 GDP（2017 年购买力平价，美元）的二氧化碳排放量

5.2.2　碳中和进度

　　碳中和进度指标反映的是各国 2019 年碳排放强度在其减排进程（达峰后至实现碳中和目标）上所处的发展阶段。评估结果表明，不到 1/3 的国家面向碳中和目标的降碳进度过半，近一半国家降碳进度超 1/3。

　　在该指标中，仅 24.8%的发展中国家降碳进度过半，表现亮眼的发展中国家包括亚美尼亚、赤道几内亚、阿塞拜疆及格鲁吉亚，至 2019 年，其降碳进度均超 80%。需要关注的是，仍有 40.7%的发展中国家降碳进度未超 20%，亟须国际援助帮助其实现减排目标与公正转型。56.6%的发达国家降碳进度过半，且全部发达国家降碳进度都超过 20%，马耳他、爱沙尼亚、斯洛伐克、爱尔兰、波兰、丹麦等 6 个国家降碳进度超 70%。如图 5-11 所示，世界前二十大经济体中，仅英国、中国、德国、美国等 4 个国家降碳进度过半。此外，本书还将各国碳排放强度达峰值与达峰年份世界碳排放强度平均值的比值作为碳中和成效指标的调节系数，以反映各国的降碳难度。评估结果表明，超 60%的国家的碳排放强度达峰值低于当年世界碳排放强度平均值。发展中国家中，有 63.4%的国家的碳排放强度达峰值低于当年世界碳排放强度平均值。其中，索马里、中非共和国、马拉维、刚果民主共和国、乌干达等国家整体降碳难度相对较大，其碳排放强度达峰值低于当年世界碳排放强度平均值的 1/4。发达国家中，有70.3%的国家的碳排放强度达峰值低于当年世界碳排放强度平均值，瑞士、挪威、法国、意大利的碳排放强度达峰值低于当年世界碳排放强度平均值的 70%。

观点篇

第6章 结论与展望

6.1 分析结论

6.1.1 目标与行动的一致性①

在吸取了《京都议定书》时期自上而下分配减排责任的失败教训之后，《巴黎协定》形成了以自下而上承诺为导向，国家自主决定其贡献的全球气候治理格局。在确定了全球温控目标、提出实现温控目标的碳中和方案后，各国纷纷提出碳中和承诺。2023 年 9 月，《巴黎协定》第一次全球盘点技术对话环节的综合报告指出，如果各国能够充分履行现有的气候承诺，包括实现长期的碳中和承诺，全球温升幅度就有望降至 1.7~2.1℃，接近《巴黎协定》的 2℃目标。然而，当前的碳中和政策和行动并没有走在充分落实已有承诺的轨道上。根据 2022 年发布的《斯德哥尔摩+50：开启更美好的未来》（Stockholm+50: Unlocking a Better Future），过去 50 年来取得进展或者实现的全球环境和可持续发展目标仅占总数的 10%。同时，大量的研究指出当前实施的国家政策和行动还不足以实现各国的 NDC。因此，为了实现《巴黎协定》目标，各国不仅需要提升目标雄心，还需要确保政策和行动能够充分履行承诺。

2023 年 9 月发布的《2023 全球碳中和年度进展报告》（简称《报告》）构建了一个"目标—政策—行动—成效"的指标体系，用于评估各国在设定目标、制定政策、采取零碳行动及减排成效方面的表现。《报告》发现，只有极少数国家在这四个维度上都取得了高分，对全球碳中和转型中目标与行动的一致性做出了警示。在《报告》中，政策指标主要考察了碳中和技术和资金的承诺，

---

① 观点文章：《全球碳中和转型中的目标与行动：一致性与挑战》，作者为程浩生。

以及支持政策、具体路线图、监管体系等要素，这一部分用于衡量各国碳中和承诺的"可信度"，也就是评估一个国家在政治上实施碳中和承诺的坚定程度，这有助于我们了解某个国家是否有可能在未来取消或更改其气候承诺；行动指标主要考察了碳中和技术和资金的部署与创新能力、化石能源转型及国际合作行动的进展等要素，这一部分用于评估各国实现其碳中和承诺的"可行性"，即各国是否有能力实现其减排承诺，这有助于我们了解各国是否能够有效地采取行动来实现其碳中和目标，即承诺是否在该国的实施能力范围内。

各国在上述指标方面的表现存在显著差异。就政策指标而言，全球超过四成的国家没有建立国家级碳中和路线图，仅有 18 个国家以法律形式明确了其碳中和目标。此外，提出碳汇开发技术的国家虽然涵盖了全球近一半的人口，但其 GDP 仅占全球总量的 30% 左右。在行动指标方面，情况同样复杂。碳定价机制大多集中在发达国家，全球仍有 11 个国家的能源结构 100% 依赖化石能源。此外，国际合作部分的数据显示，发达国家至发展中国家国际减缓技术转移项目以提供项目管理和技能培训等支持为主的"软性支持"占总体项目的一半以上，对尤其是工业和建筑部门的"硬性支持"不足。

需要指出的是，《报告》的评分也建立在政策和行动能够持续实施的基础上。与各国碳中和承诺本身一样，具体政策和行动也存在可信度和可行性方面的不确定性。

以美国为例，在可信度方面，2022 年 8 月初，美国通过了《通胀削减法案》，其中包含约 3840 亿美元用于气候相关的税收抵免和财政补助，这被广泛认为是美国历史上首个通过的气候法案，被视为实现美国气候承诺的关键。然而，《通胀削减法案》的实施一直面临挑战，其中包括美国财政部未能按原定计划在 2022 年 12 月 31 日前发布与电池部件和关键矿物相关的规定，这影响了清洁汽车税收抵免政策的有效实施。此外，在 2023 年 6 月债务危机期间，为了提高债务上限以避免美国国债首次违约，美国大幅削减国税局预算，削弱了《通胀削减法案》中对新能源技术和产业的新增税收激励。

在可行性方面，美国总统拜登在 2020 年竞选时提出了"2035 年实现'无碳污染的电力部门'"的目标，这一目标在拜登当选总统后成为美国的官方目标。然而，多年过去，美国尚未明确定义"无碳污染的电力部门"，包括是否允许使用 CCS 等技术。同时，大量研究显示，不论以何种定义，该目标都过于雄心勃勃，难以实现。

　　实际上，一些国家的政策已经在倒退。例如，英国于 2023 年 9 月宣布一系列政策调整，包括将新燃油车禁售期限从 2030 年推迟到 2035 年，减少了燃气锅炉和离网燃油锅炉的淘汰计划，不再要求房东确保房产达到能效目标等。尽管英国声称将继续致力于实现其 2050 年净零排放承诺，但是这些政策倒退也降低了英国净零排放承诺的可信度和可行性。

　　此外，未来应对气候变化将面临更多的不确定性，随着时间的推移，一系列新的挑战将浮出水面。首先，随着低成本减排技术的普及，单位碳排放的减排成本将持续上升，钢铁、化工和航运等被认为是"难以减排的部门"将成为关注的焦点。其次，一些新兴国家正在经历快速的经济增长，这导致了更高的能源需求和更快的工业发展速度，同时面临着跨越式发展（即从化石燃料依赖到直接采用新能源和绿色工业）的挑战。最后，气候变化已经导致许多国家和地区遭受严重的损失与损害，包括海平面上升、干旱和洪灾等，这导致了额外的社会和经济压力，加剧了气候变化造成的不平等和不确定性。因此，未来应对气候变化将要求各国拥有更大的政策灵活性，更多的技术创新、资源投入和国际合作。

　　综上所述，全球在应对气候变化方面已经迈出了较为积极的步伐，但道路仍然充满挑战和不确定性。《巴黎协定》的通过标志着国际社会已经从以往自上而下减排责任分配转向了自下而上、国家自主承诺的气候治理方式。虽然第一次全球盘点指出，如果各国能够充分兑现承诺，全球的温升幅度有望降至接近《巴黎协定》的目标，但实际情况表明，当前的政策和行动还未完全跟上兑现承诺的步伐。随着时间的推移，气候危机将继续演变，新的问题和挑战将浮现。随着第一次全球盘点在 2023 年 12 月结束，而各国需要在 2025 年前按照盘点结果提交新的 NDC，这将成为各国共同努力的一个关键时刻。各国需要认识到，除了提升减排目标的雄心外，还必须确保这些目标既可信又可行。只有各国协同努力，国际社会才能实现《巴黎协定》的气候目标，共同应对全球气候变化的挑战，确保地球可持续的未来。

6.1.2　国别模式比较分析①

　　气候变化是当下全球人类共同面临的严峻挑战，由于其危害具有重大性、

---

　　① 观点文章：周嘉欣，白雨鑫，苏杨，等. 2023. 应对气候变化治理模式国别比较分析. 中国环境管理，15(4): 10-17.

应对和解决过程呈长期性，需要政府、公众、企业等多主体共同采取行动（王灿和张雅欣，2020）。其中，政府主体在应对气候变化过程中处于重要地位。一方面，需要通过立法或公共政策推动气候治理，事实上，已有超过 100 个国家已在应对气候变化方面提出目标或进行立法（Eskander and Fankhauser，2020；van Soest et al.，2021）；另一方面，应对气候变化需要各领域采取行动，需要多个部门的密切协作配合，建立有效的体制机制至关重要。

然而，不同国家政治体制各异，社会经济发展水平与资源禀赋也不同，公众态度、面临的国际压力和期望也有差异，在此条件下各国政府对于气候问题的认知、立场和采取的策略便呈现出多样化的特征。受到以上因素的多重影响，各国的气候治理成效与在国际上所展现的国家气候形象存在较大差异。王建芳等（2022）将主要经济体分为四种类型。①引领者：英国等欧洲国家整体呈现出较为积极的气候形象，引领本国进行全社会系统转型。②行动者：日本、巴西、韩国等国虽然存在对减排成本等的顾虑，但较为积极地将应对气候变化作为新的经济增长点，着力推动应对气候变化与经济增长的有效融合。③保守者：印度等国由于自身发展阶段等因素，在气候议题上反应较为消极，排放依然处于增长态势。④摇摆者：以美国为代表的国家在气候变化问题上表现出强烈的摇摆特征，这与其党派立场、国家政治体制等有密切关系，在激进和保守间反复切换。

各国的气候行动特征与其气候治理模式密不可分，其中，政策体系和机构设置是两个关键组成，两者共同决定了国家如何在《联合国气候变化框架公约》及《巴黎协定》下开展履约行动。政策体系体现了国家对于气候问题的识别、态度和应对措施，是直接促进气候行动的推动力；机构设置则体现了国家对于气候问题的职能划分、重视程度和管理模式，既是科学决策的基础，也是推动行动的必要条件。

然而，尚未有研究详细剖析不同气候形象的国家在气候政策体系和机构设置上表现出的差异性，也没有分析导致这种差异性产生的内外部驱动力。为此，本书通过开展对英国、德国、法国、美国、日本、韩国、印度、巴西、南非等全球主要经济体的案例比较研究，通过详细梳理和分析气候政策体系与机构设置，识别不同表现的国家气候治理模式存在的差异性特征，并利用分析框架分析政治、经济、压力和策略四类主要影响因素对各国应对气候变化治理体系的影响过程。这一案例比较研究能够加深对于气候治理模式和国家气候形象成因的认识和理解，以期为中国的气候治理体系建设提供一定的借鉴参考。本小节包含四个方面的内容：①系统性梳理总结主要国家应对气候变化的政策体系和机构设置；②剖析不同类型国家治理体系呈现出的主要特征；③分析产生不同特征的影响因素；④总结并提出政策建议。

1. 应对气候变化的政策体系与机构设置

1）政策体系

本节从纲领性政策以及分行业政策两类不同层级政策出发梳理了各国应对气候变化的政策体系。一般而言，国家会颁布全国性政策指导地方和各部门的气候工作，特别是在近几年提出碳中和、净零排放目标后，许多国家都发布了纲领性政策，或是颁布、修订相关法律，内容包括确立气候目标（除长期目标外，部分国家也分解了短期目标、行业目标等）、划定工作领域和重点措施、明确部门职责等，作为国家气候行动的高级别、总领性政策。从表 6-1 可以看出，所有主体均提出了纲领性政策，但从政策性质来看，除美国以外的发达国家均颁布或修订了相关法律，以立法形式加大了气候行动的力度；2022 年南非向议会提交《气候变化法案》，并于 2024 年 4 月正式通过；印度和巴西则暂未通过立法，而是颁布了与气候变化相关的国家计划。

表 6-1　主要经济体政策颁布情况

经济体	纲领性政策		行业类政策	
	政策名称	政策性质	政策文件	涉及部门
英国	《气候变化法》	法律	《工业脱碳战略》	工业
			《交通脱碳计划》	交通
			《供热和建筑战略》	建筑
	《绿色工业革命十点计划》	一般政策	《可再生能源支持计划》《国家氢能战略》《电力脱碳计划》	能源
			《绿色金融：可持续投资路线图》	金融
			《国家食品战略》	农业
德国	《联邦气候保护法》	法律	《国家氢能战略》《可再生能源法案》《海上风能法案》《陆上风能法案》《能源工业法》	能源
	《气候行动计划 2030》	一般政策		

续表

经济体	纲领性政策		行业类政策	
	政策名称	政策性质	政策文件	涉及部门
法国	《绿色增长能源转型法》	法律	《气候行动计划》	工业
				交通
	《能源和气候法》	法律		建筑
				能源
	《国家低碳战略》	一般政策		农业
				林业
				废弃物管理
美国	《迈向2050年净零排放的长期战略》	一般政策	《工业脱碳路线图》	工业
			《国家清洁氢战略和路线图》	能源
			《交通部门脱碳蓝图》	交通
			《财政部气候行动计划》	金融
			《加速基于自然的解决方案的机遇：气候进步、繁荣自然、公正和繁荣的路线图》	气候适应*
日本	《全球气候变暖对策推进法》	法律	《绿色转型政策路线图》	交通
	《气候变化适应法》	法律		建筑
	《绿色增长战略》	一般政策		能源
				农业
				工业
韩国	《第一次国家碳中和·绿色发展基本规划（2023—2042年）》	一般政策	《碳中和路线图》	交通
	《应对气候危机的碳中和绿色增长框架法》	法律		能源
	《国家碳中和及绿色增长基本计划》	一般政策		
巴西	《国家绿色增长计划》	一般政策	《国家能源计划2050》	能源
			《国家能源计划2030》	
			《农业适应和低碳排放计划》	农业
			《国家适应计划》	气候适应*
印度	《国家气候变化行动计划》	一般政策		
南非	《气候变化法案》	法律	《南非绿色交通战略》	交通
	《国家气候变化适应战略》	一般政策	《综合资源计划》	能源

*气候适应不属于行业分类，但一般会作为应对气候变化工作中较独立的一部分，出台类似行业政策的路线图或行动计划，故此处一同分析

除了纲领性政策，气候变化工作涉及众多部门和行业，往往还需要进一步的更为细致的行业政策引领或支持，以保证政策实施效果。各经济体为了实现气候目标，根据自身国情制定了行业的脱碳路线图或战略。从表 6-1 可以看出，不同经济体的行业政策覆盖程度有所差别，英国的部门覆盖度最高，包括工业、建筑、能源、交通、农业、金融等多个领域。美国的部门覆盖度也较为全面，包括交通、工业、能源、金融和气候适应。德国、巴西和南非的政策则有一定的侧重，德国在能源领域颁布了多个法案和战略，巴西在农业、能源和气候适应方面颁布了相关政策，南非更注重能源和交通的低碳发展。法国、日本和韩国没有分部门颁布政策，而是颁布了一份覆盖不同部门的综合路线图。印度目前未制订部门行动计划或路线图，通过节能政策、电动汽车基础设施政策、光伏产业扶持政策等间接促进绿色产业发展和社会转型。

2）机构设置

气候变化工作涉及多个国家职能部门，其中减缓工作所涉及的部门最多，但一般会由某个部门牵头主管，负责主导制定纲领性政策和采取具体行动与措施。目前主导部门主要分为两类，即发展型部门和环境型部门，前一种主要是国家为更好地将气候变化因素纳入国家经济发展而专门设立或合并而成的部门，如英国的能源安全与净零部、德国的经济事务和气候行动部、法国的生态转型部，这些部门既是减缓政策的制定者，同时也是行动的推动者、监督者；后一种则一般为环境主管部门，如美国的环境保护署，日本和韩国的环境部，巴西的环境和气候变化部，印度的环境、森林和气候变化部，南非的林业、渔业和环境部，其中日本的环境部主导制定了《绿色转型政策路线图》，韩国环境部主导制定了《国家碳中和及绿色增长基本计划》，而具体行业的措施和行动将交由对应部门负责。

由于气候问题具有复杂性、交叉性，各部门在负责其主要职能的同时也需要保持沟通、充分合作，以保证政策和行动的一致性，许多国家通过协调机制和机构的设置促进了跨部门合作。高级别、跨部门的部长委员会是最为常见的一类协调机制，部分国家由总统/首相/总理担任主席，或是设置于总理办公室等机构之下，向总理等报告工作，与气候相关的部长则作为委员会成员。委员会负责协调各部门气候变化政策，统筹推进国家气候行动。

虽然各国都设立了这一协调机制，但不同的确立形式和部门覆盖度可能导致其在国内地位权威性、工作可达性有所差别，最终可能导致协调效果也不尽相同。从工作目标来看，绝大多数国家的协调机制是为应对气候变化而设立的，工作范围包括减缓、适应等一系列气候变化相关职能，但德国的气候适应政策部际工作组的关注重点为气候适应，不包括减缓，职能范围相对有限。

从确立形式来看，主要分为三类：①通过法律条文确定，如日本的《全球气候变暖对策推进法》、韩国的《应对气候危机的碳中和绿色增长框架法》、巴西的《关于气候变化部际委员的法令》以及南非的《气候变化法案》；②通过其他政策确定，如德国国务秘书可持续发展委员会通过的决议、美国总统颁布的行政令和法国颁布的生态规划政策；③总统口头宣布成立，如英国、印度、南非。

基于上述基本要素，表6-2展示了各国在气候变化应对方面的机构设置情况。

表6-2　各国气候变化应对机构设置

国家	主导部门		协调机制		
	部门名称	部门类型	机构名称	关注议题	确立形式
英国	能源安全与净零部	发展	经济事务（能源、气候和净零排放）委员会	气候变化	首相口头宣布
德国	经济事务和气候行动部	发展	气候适应政策部际工作组	气候适应	气候变化适应战略
法国	生态转型部	发展	环境规划秘书处	气候变化	生态规划政策
美国	环境保护署	环境	气候政策办公室	气候变化	总统行政令
日本	环境部	环境	防止全球变暖总部	气候变化	《全球气候变暖对策推进法》
韩国	环境部	环境	碳中和绿色发展委员会	气候变化	《应对气候危机的碳中和绿色增长框架法》
巴西	环境和气候变化部	环境	气候变化和绿色增长部际委员会	气候变化	《关于气候变化部际委员的法令》
印度	环境、森林和气候变化部	环境	气候变化执行委员会	气候变化	总统口头宣布
南非	林业、渔业和环境部	环境	气候变化协调委员会	气候变化	《气候变化法案》

2. 应对气候变化治理模式及其特征分析

根据政策颁布和机构设置情况,各国的治理模式呈现五类特征,又分别对应四类国家气候形象,具体见表 6-3,下文就各类特征的治理模式做进一步阐释。

表 6-3 治理模式特征归纳

气候形象	治理特征	经济体	纲领性政策性质	行业类政策覆盖度	主导部门	协调机制关注议题	协调机制确立形式
引领者	政策引领型	英国	法律	全面	发展	气候变化	口头宣布
		德国	法律	部分	发展	气候适应	一般政策
		法国	法律	全面	发展	气候变化	一般政策
摇摆者	法律欠缺型	美国	一般政策	全面	环境	气候变化	一般政策
行动者	整体完备型	日本	法律	全面	环境	气候变化	法律
		韩国	法律	部分	环境	气候变化	法律
	部分行业先行型	巴西	一般政策	部分	环境	气候变化	法律
		南非	一般政策	部分	环境	气候变化	立法当中
保守者	政策协调双缺失型	印度	一般政策	无	环境	气候变化	口头宣布

1)引领者:政策引领型

英国、德国和法国具有了完善的政策体系,既通过了纲领性的气候法律,同时也保证了较好的行业政策覆盖度,以全面和具体的行业政策引领各部门的脱碳减排行动。在机构设置方面,英国、法国、德国均设置了发展类部门,旨在更好地将气候因素纳入行业政策制定。而在协调机制方面,英国负责能源、气候和净零排放经济事务的内阁委员会由首相宣布成立,德国气候中和协调办公室通过国务秘书可持续发展委员会的决议成立,但尚未明确职能覆盖范围,法国的环境规划秘书处在生态规划政策中提及并明确职责和组成,均未以立法形式确立,这可能是因为已在机构改革和设置上将涵盖多行业(如能源、交通、建筑等)的经济发展部门作为主导部门,对协调机制的执行力要求相对较低,但需注意到其主导部门一般仅主管减缓工作,而协调机制则能够覆盖更广范围的职能部门,如财政、科技、外交等,促进这些部门间的互相配合与支持将进一步提高应对气候变化工作的效率。

2)摇摆者:法律欠缺型

美国作为最典型的摇摆者,其治理模式特点十分突出。从政策完整性、机构设置情况来看，美国治理体系十分完善，既有包含近期和远期目标、涵盖五个部门的长期战略，也在工业、能源、交通、金融、气候适应等领域出台了行动路线图；同时国内设置了气候政策办公室与国家气候工作组，呈现出 21 个联邦机构和多个支持部门共同参与的"全政府"式特点。然而，美国尚未进行气候相关立法，国家气候工作组也是通过总统行政令的形式建立，呈现出不稳定性和不可预测性。

3）行动者：整体完备型与部分行业先行型

日本和韩国是气候治理议题上法律相对较为完善的国家，通过了纲领性的法律文件，不仅以法律形式确定了碳中和目标与减排和支持政策，还将部门间的协调机制写入法律，明确了其工作职能，确立了其较高的法律地位。两国气候政策主导制定部门为环境部，但在高级别的协调部门配合下，均以整体的路线图形式发布行业政策（如日本的《绿色转型政策路线图》和韩国的《碳中和路线图》），一定程度上体现了其政府部门工作的特点。

巴西和南非虽同属于行动者，但在政策体系方面略显不足。巴西出台了《国家绿色增长计划》，南非出台了《气候变化法案》。然而，巴西和南非仅在部分行业（如能源、农业、交通）制定了低碳发展计划。南非和巴西气候工作主要由环境部门主导，协调机制较为完善。

4）保守者：政策协调双缺失型

与其保守的国家气候形象一致，印度的气候政策与机构设置都表现出其行动严重滞后。在气候政策方面，印度曾于 2008 年发布《国家气候变化行动计划》，其中确立了发展光伏、节约能耗、促进可持续农业等八大重点任务，但印度并未有后续具体政策支撑重点任务的推进，也未颁布行业政策或路线图，虽然有节能政策等间接促进应对气候变化的措施，但这仅可视作短期内的权宜之计，仍需要长期、系统的规划以帮助全社会的转型（Dubash，2021）。而在协调机制方面，印度虽于 2013 年成立了气候变化执行委员会，但在全国减缓相关的行动中其参与率不足 1/3，表明其活跃程度较低，实际的协调职能发挥得并不充分（Pillai and Dubash，2021）。

3. 影响因素

目前对于国家气候治理体系，尤其是气候机构设置方面的解释性研究较少，存在一定的研究空缺，一些学者构建了政治制度、国际压力和官僚模式的三因素框架（Dubash，2021；Pillai and Dubash，2021；Dubash et al.，2021），在此基础上又提出了对气候机构影响最显著的双变量模型，包括政治两极化程度和气候叙事方式两个因素。除此之外，已有部分研究针对各国气候政策，从政治体制、社会经济特征、能源结构、公众意识、政府干预模式等角度阐释了不同因素的影响机制（Lachapelle and Paterson，2013；Lamb and Minx，2020）。本书在前文所述的成果基础上，结合前人研究成果，提出了如图 6-1 所示的涵盖政治、经济、压力与策略的四维分析框架，下面就各因素进行详细阐述。

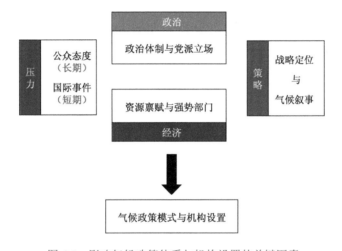

图 6-1 影响气候政策体系与机构设置的关键因素

1）政治体制与党派立场

国家的政治制度对气候政策和机构都具有显著影响。虽然同为两党制国家，但各党派对于气候变化的态度将决定其国家的气候政治生态，典型例子为美国和英国。美国迟迟未能通过气候立法，正是由于民主党和共和党对于气候问题迥然不同的态度立场，立法过程中否决权的存在使得任何一方难以通过某部法律。相比之下，英国政体的集权程度更高，执政党在立法等过程中面临的否决权更低，同时英国两党对于气候行动的必要性达成了共识，促成了英国气候法的制定（Farstad，2016）。

党派更替不仅对美国立法进程有深远影响，同时也显著影响了其气候机构的改革与更替。尼克松时期成立了跨部门小组协调气候问题的研究工作，通过了《国家气候计划法案》，依据法案成立了气候项目办公室，之后又通过了《全球变化研究法案》，确立了涵盖 13 个机构的跨部门机制，每三年发布一次气候影响报告。小布什上台后，气候问题与气候机构都被边缘化，环境保护署的年度报告中不再包含气候相关议题，气候机构改革的提议遭到共和党强烈反对而被搁置。奥巴马政府则重新将气候变化问题视为重点工作之一，成立了能源和气候变化政策办公室（但因国会拒绝为其提供资金而后被并入国家政策委员会），后又设立了气候变化特使办公室，主要负责协调双边和多边气候谈判。特朗普政府则致力于解散或撤除气候相关的机构，如取消了气候变化特使的职位，将国际事务环境和能源办公室更名为能源和基础设施办公室，后将该办公室完全解散。拜登政府则将气候变化置于了前所未有的高度，设立了国家气候政策办公室和国家气候工作组（Mildenberger，2021）。

除了国家总体政策体系，各部门的领导人立场也显著影响部门目标与行动。在 2019 年出台《气候行动计划 2030》前，德国的跨部门协作水平不高，其中交通、农业和建筑部门的减排目标、政策工具都显著落后于能源部门（从表 6-1 也可看出德国的能源部门政策较为全面，其他部门则暂未出台相关政策），这与三个部门领导均来自保守派基民盟或基社盟密切相关，党派利益、选民和行业压力使得这些部门一直对气候问题持消极态度，直到 2019 年召开气候内阁会议，跨部门共识才被逐步建立并体现在气候目标、政策中，包括对交通、供暖实行的碳价政策等（Flachsland and Levi，2021）。

2）资源禀赋与强势部门

一国的高排放部门往往对应着传统的高碳发展模式，具有优势经济地位的行业团体往往也成为重要的政治力量，在国家的气候行动中具有举足轻重的地位。尽管巴西和南非目前的气候机构较为完善，但在此之前两国的气候治理之路都颇为曲折。南非的能源部门贡献了 80%左右的全国温室气体排放，其中国有电力公司 Eskom 基本垄断了该国的电力行业,贡献了约 40%的温室气体排放，但在 2019 年之前，能源部或 Eskom 等一直未被纳入气候变化部际委员会，气候考量几乎无法影响能源部的决策制定和电力部门的实际行动（Tyler and Hochstetler，2021）。巴西的绝大部分温室气体排放来自森林砍伐，在 2005~2010 年通过控制森林砍伐取得难得的减排成果后，其农业和林业团体连续推举两届支持传统农林业发展、反对应对气候变化的总统，其间气候变化部际委员会、环境与气候部的职能均被削减（Hochstetler，2021）。

考虑到能源部门是脱碳进程中首当其冲的部门，化石能源的依存度对于一国的气候共识和面临的国家阻力也十分重要。美国的化石能源利益集团形成了强大的游说力量，成为国内立法的重大阻碍，而英国则在可再生能源发展取得进展与成功后增强了国内对于能源转型的信心和支持力度，将气候变化事务合并至能源部，成立能源与气候变化部，正向的反馈效应促进了能源转型的进一步行动（Lockwood，2021）。

3）战略定位与气候叙事

政府对气候变化问题的认识往往会影响机构设置与职能划分，如巴西曾于1995 年在科技部下设立气候变化部际委员会，主要职能之一是管理巴西清洁发展机制，这表明巴西曾将气候变化视为外交和技术问题，而非环境问题。无独有偶，印度在 20 世纪末到 21 世纪初将气候变化视为外交问题，主管机构是外交部和环境部。

政府在推动应对气候变化工作时，需要选择合适的切入点，即"气候叙事"（narrative），通过结合国家实际情况、发展需求和气候问题，使气候行动能够最大限度地被国民所接受（Dubash et al.，2021）。例如，日本和韩国均将碳中和视作经济发展新动力，出台相关文件以降低国内对于减排成本的顾虑。南非曾因气候行动计划威胁化石能源利益集团而未能实现"温室气体达峰—稳定—下降"的国际承诺，但之后所采取的围绕公正转型的气候政策可能获得更多公众支持（Dubash，2021）。印度目前也正转向"共同利益"框架，旨在将气候变化与国内扶贫、经济增长的优先事项保持一致（Thaker and Leiserowitz，2014），有望改善国内气候政策和法律的缺失状况。

4）公众态度与国际事件

公众态度对于一国在气候问题上的战略方向、政策设计、机构设置都具有重要影响，只有获得民众支持的政策或机构改革才是可行且有意义的。德国民众长期以来对碳价等政策支持力度有限，对气候问题关注并不高，而2018 年"未来星期五"（Fridays for Future）环保运动在德国产生了广泛的社会影响力，使得气候问题成为 2019 年德国民众最关注的政策问题，德国政府趁热打铁召开了气候内阁会议，在加强各部门共识方面取得了重要进展，还通过了《联邦气候变化法案》和《气候行动计划 2030》（Flachsland and Levi，2021）。

除了国内来自民众的看法，国际突发事件和随之而来的压力往往也对国家的政策具有重大影响。2007 年的《巴厘路线图》首次提出发展中国家也应采取适当的减排行动，国际事态的变化促使印度紧急起草了《国家气候变化行动计划》，并在 G8 峰会前发布。但这样较为仓促的行动所取得的成果可能实质性意义不大，《国家气候变化行动计划》尽管创新性地设立了跨部门协调工作机制，但并未设定统一的目标或规定具体的协调流程，跨部门机构的设立逻辑是基于共同利益，但从实际运行效果来看，仅有光伏等新能源产业取得了较大发展（Pillai and Dubash，2021），这一松散的工作机制取得的成效较为有限。

总体而言，以上四方面是影响各国气候治理模式，尤其是气候机构设置的关键因素，在不同国家发挥主导作用的因素可能不同，如美国最重要的影响因素是执政党的更替，而南非政府受到的能源行业压力则主要影响了其气候工作部署。

4. 结论与展望

1）结论

各国由于发展阶段、排放特征、政治体制等不同，在应对气候变化治理体系上呈现不同的特点。在政策制定方面，多数国家都颁布了纲领性政策，其中部分以立法形式确定了气候目标、重点领域和具体行动，与之对应，一些国家在各领域出台了更细致的部门行动计划或路线图，以保障和落实具体行业的气候目标。在机构设置方面，一些国家合并或设置了经济与气候部门，由该部门主导应对气候变化，尤其是减缓方面的工作，而其他国家则由环境部门主导气候工作，其他部门配合和支持；为了更好地统筹协调各部门工作，许多国家都设置了专门协调气候工作的高级别委员会或工作组，其中部分国家将协调机构的主要职能与成员组成写入了相关法律，确立了其法律地位。

根据政策制定和机构设置情况，将主要经济体治理模式分为五类。①政策引领型，代表主体包括英国、德国和法国，这类主体既实施了气候立法，也制定了较完善的行业类政策，同时由发展型部门主导气候工作，但在协调机制的法律地位、覆盖部门等方面有待完善。②整体完备型，代表主体有日本和韩国，这类主体的气候法律较为完善，既作为纲领性政策明确了气候目标、减排和适应政策以及各类支持政策，也明确了协调机构的职责和组成，整体而言治理模式较为完整。③部分行业先行型，代表主体有巴西和南非，相比于日本和韩国，巴西和南非气候立法有待加强，而两国的协调机制相对而言较为完善。④法律欠缺型，代表主体有美国，美国的政策体系和机构设置较为完善，但尚未进行气候立法，气候政策办公室与国家气候工作组也是通过总统签署行政令的形式设立，呈现出不稳定性和不可预测性。⑤政策协调双缺失型，代表主体为印度，印度在政策体系方面既缺少纲领性立法，也未颁布任何行业脱碳计划；虽然其成立了气候变化执行委员会，但是活跃程度较低，实际的协调职能发挥得并不充分。

许多因素都会影响一国的气候治理体系，包括政治体制与党派立场、资源禀赋与强势部门、战略定位与气候叙事、公众态度与国际事件。两党制且不同党派态度相差大的国家更易出现"两极化"现象，可能导致气候立法难以通过，机构的设置也可能随着执政党立场的不同而经历频繁变动。传统的高碳部门往往具有举足轻重的政治力量，可能影响国家的气候法具体内容、相关部门的职能范围等。国家对气候问题的识别与定位影响其机构设置与职能划分，而推动气候问题解决的切入点则会影响其政策重点。公众态度对国家政策颁布和机构改革有重要影响，在气候问题受到高度关注时各类措施推行阻力更小，而国际事件带来的压力则更偏向短期影响，可能会促使某国在短时间内采取行动，但实际成效可能不及政治性影响。

2）建议与展望

通过分析比较主要经济体的应对气候变化治理体系特征，对中国应对气候变化工作提出以下建议。

（1）加快推进气候立法，明确各部门职能和各行业减排措施。中国虽然已出台一系列应对气候变化的政策，但尚无专门应对气候变化的综合性法律。未来可制定一部综合性、专门性的应对气候变化的法律，将中央"双碳"目标转化为可落地、具有法律约束力的中长期目标，明确各主管部门、各层级政府的权利、义务，确立碳达峰碳中和工作领导小组等协调机制的法律地位，同时明确需采取重要行动的领域和相关政策，为宏观、中观、微观等多层面的"双碳"行动提供合法性依据（孙雪妍和王灿，2022）。此外，需修改和补充能源法、环境法等相关法律中的有关气候变化的部分，形成统一、完整、有力的法律体系，为应对气候变化工作提供法律支撑。

（2）充分发挥制度优势，完善治理体系中的薄弱环节。相比其他国家，中国的自上而下的治理结构和问责体系具有不可复制的优势，能够集中力量、调动资源以实现国家目标，但由于缺少对各主体清晰的权利与义务边界划定，这样的治理模式可能在目标传导、资源分配等方面产生地方执行偏差的问题，除通过立法提供稳定化、规范化的制度预期外（孙雪妍和王灿，2022），还需要制定合适的激励制度和监督机制（Teng and Wang，2021）。此外，政府相对主导的治理模式下也可再充分挖掘市场机制的潜力，引导和撬动更多社会资本进入低碳领域，利用市场价格引导、资金激励、信息规制等"软性"工具，在碳市场、气候投融资等领域持续探索和发力，实现气候效益与经济效益的双赢（张九天和孙雪妍，2022）。

（3）建构中国气候话语，把握好"双碳"目标和自主行动的关系。中国以煤为主的能源资源禀赋条件没有变、世界最大的发展中国家这一地位没有变，实现中国式现代化目标需要探索适合中国国情的低碳发展路径，在持续、稳健的社会经济发展中推动减排行动，在减排工作中占据新兴产业高地，获得增长新动能。在"中国式现代化""生态文明建设""人类命运共同体"等基础上建构具有中国特色的气候话语，形成发展、环境、外交、宣传多部门合力，既促成学界、企业、民众等多方参与，建立广泛社会信念以团结多方力量，充分发掘"双碳"目标下更多发展新机遇和新动力；又更大程度地讲好中国故事，团结广大国家共同应对气候危机。

6.2 政 策 建 议

6.2.1 目标与立法

1. 碳中和进展评估需破除唯目标论[①]

碳中和已成为国际社会关注的重要政策议题。联合国政府间气候变化专门委员会第六次评估报告表明，所有可将世纪末温升限制在 1.5℃ 且没有过冲或过冲有限的减缓途径均需要在 21 世纪 50 年代实现二氧化碳净零排放；可将温升限制在 2℃ 的减缓途径需要在 21 世纪 70 年代实现二氧化碳净零排放（IPCC，2022a）。为了形成可为决策者使用的参考框架，全球碳预算需要转化为国家、次国家区域及企业级别的碳中和路径。截至 2022 年 6 月，128 个国家（覆盖全球 GDP 的 91%、温室气体排放量的 83% 和人口的 80%）已提出碳中和目标（Hale

---

① 观点文章：《碳中和进展评估需破除唯目标论》，作者为李明煜，王名语，王灿。

et al.，2022）。

1）碳中和进展评估对推动气候行动具有重要意义

（1）当前全球气候行动图景尚不足以实现《巴黎协定》目标。联合国政府间气候变化专门委员会及非联合国政府间气候变化专门委员会的建模研究已经描绘了当前全球行动图景，探索了全球气候雄心水平需提高的程度。例如，联合国环境规划署每年发布排放差距报告对国家气候承诺与各类减缓措施的气候影响进行评估（UNEP and UNEP-CCC，2021），以及气候行动追踪等研究机构估算国家净零目标对全球变暖的影响（Climate Action Tracker，2023）。对目前各国气候承诺和行动的分析结论是，当前的政策措施、NDC 及国家净零排放目标分别将全球世纪末平均温升的最佳估计值降低到 2.9~3.2℃、2.4~2.9℃ 及 2.0~2.4℃（Hoehne et al.，2021），尚不足以实现《巴黎协定》将温升限制在低于 2℃ 的目标。另一项研究评估发现，如果 2030 年 NDC 和包括净零目标在内的长期承诺得到充分实施，世纪末温升中位值将降至略低于 2℃（Meinshausen et al.，2022），仍不足以实现 1.5℃ 目标。

（2）碳中和进展评估缩小气候雄心、行动与全球目标间的差距。与具有法律约束力的《京都议定书》不同，《巴黎协定》为全球气候行动建立了自下向上的气候治理模式，其仅要求缔约方自愿做出行动承诺并进行定期更新。在当前治理、问责和报告机制尚且不足的情况下，缔约方拥有过多的酌处权，许多国家尚未制定实现其承诺的详细计划，其长期雄心往往缺乏近期行动的支持，实现净零排放的路径缺少透明性。因此，人们担忧这些承诺只不过是"漂绿"。这表明需要明确的进展评估，以确保碳中和目标作为气候行动框架的稳健性。另外，由于国际社会当前的气候行动尚难以支撑向低碳未来转型所需要的深刻变革，需要随着时间推移促进缔约方雄心动态增长，以确保国家排放路径逐渐收敛到与《巴黎协定》温升控制目标一致的轨迹上。在这一视角下，碳中和进展评估扮演着一个推动国家和地方政策进程的"起搏器"角色，通过其产出激励缔约方增强国家碳中和雄心，确保对缔约方的问责制产生效果，并为转型变革提供信号与指导（Hermwille et al.，2019）。通过上述功能，碳中和进展评估引导当前雄心尚且不足的缔约方走向自我强化的气候转型路径，以实现一个低碳且可持续的未来。

2）当前评估仅侧重于对目标及差距进行分析

目前关于国家净零目标的审查、问责和报告机制仍然不足（Dyke et al.，

2021），联合国政府间气候变化专门委员会体制下无法覆盖的空白部分可通过学术界和非政府组织的评估进行弥补。现有关于碳中和进展的评估大致分为两类：分别针对碳中和评价标准的梳理以及现有国家碳中和目标的进展。一部分评估报告关注国家碳中和目标的稳健性和雄心如何随时间变化。在理想情况下，国家碳中和目标的稳健性是随时间增强的：目标将会被转化为政策文件、法律，国家将设定中期目标以推动近期决策，定期发布进展报告等（Hale et al.，2022）。一些研究对国家净零排放目标进行了盘点，并总结出有效净零目标应具有的几项重要属性，包括：覆盖范围；碳移除和碳抵消的环境与社会完整性；与更广泛生态目标的一致性；是否创造新的经济机会；如何体现充分性和公平性；实现净零排放的具体路线图等（Rogelj et al.，2021；Fankhauser et al.，2022）。

另一部分评估关注各国目标整体进展情况及与巴黎目标存在的差距（Hale et al.，2022；OECD，2021），如世界资源研究所（World Resources Institute，2022a）基于 Climate Watch（气候观察）对各国净零目标进行追踪，聚焦在净零实现年份和净零目标国内的政策地位。然而，这部分评估及指引报告仅局限于碳中和目标政策文本本身，强调碳中和目标的承诺形式、关于目标进展情况的公开报告，对国家在碳中和目标实现途径中的技术、资金等投入评价较少，缺乏国家历史累计排放量指标，忽视了国家法律政策与行为之间存在的实际差异。仅关注碳中和目标与《巴黎协定》目标的总体差距和不同国家碳中和目标的横向差异，没有充分体现碳中和目标评价体系中的公平性，难以对不同国家碳中和未来行动产生引导。

3）碳中和进展评估应关注实际行动

当前全球对气候减缓领域的认知较为清晰、明确，有关气候行动水平的研究也主要侧重于评估各国排放现状、各国减缓行动力度及长期温控目标三者之间的差距。进展评估似乎变成了仅针对减缓目标的盘点评估。然而历史上《京都议定书》目标重审等尝试已经表明，仅关注减缓力度本身并不足以促使各国加强气候行动（王伟光和郑国光，2016），如何超越"减缓"将是未来碳中和进展评估所关注的重点。需扩展碳中和进展评估的视野，关注立法与政策、资金、技术、监管机制及能力建设等气候行动的实施和支持手段，以确保提供更全面、更有效的气候行动信息。除此之外，碳中和进展评估还应涉及公平、可持续发展和减少贫困等维度（王伟光和郑国光，2016），进一步关注气候行动的潜在影响。图 6-2 展示了一种理想的碳中和进展评估框架。

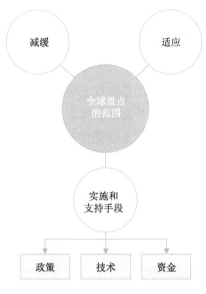

图 6-2　理想的碳中和进展评估框架

（1）立法与政策。理想的碳中和进展评估将考察各国是否将碳中和目标纳入气候立法体系，制定并实施地方或行业政策以支持其净零排放目标的实现，以及各国过去及当前的实际行动是否相较于这些立法及政策存在重大偏离。通过识别和展示具有雄心的净零排放目标立法或迄今为止采取的政策和措施，碳中和进展评估有助于提高"最高雄心"的标杆，推动具有良好经济、社会、环境效益的政策实施，产生示范作用。由于处于不同发展阶段的不同国家对于立法或政策体系具有不同倾向性，在评估过程中应避免一刀切式评价，需要注意到共同但有区别的责任和各自能力原则及具体国情，同时考察法律形式与政策体系，体现针对性及区分性。

（2）技术。零碳电力系统、低碳终端用能技术及负排放技术等低碳技术创新可以降低减缓行动的成本，从根本上支撑净零排放目标实现。具有竞争力的绿色低碳技术通过成果转化，得以在市场上替代原有技术并传播扩散。在实现碳中和愿景的过程中，支持减排行动的技术系统将发生根本性的转变，形成全新的技术标准和全新的产业链格局，引领经济、社会、环境发生重大变革。全球盘点可以更全面地、自下而上地展示可以产生社会、经济效益的减缓技术，可供推广的良好做法，以及全球创新发展路径的进展。全球盘点提供的信息不仅可促进集体进步，有助于指导国家气候承诺的更新，还可以通过分享气候行动的最佳实践和经验教训为非国家行为体的减缓行动起到示范和参考作用。然而，全球盘点指导各行业技术的明确性依然存在一定的局限，在电力部门和客运电气化方面可以提供更清晰的信号，但对于建筑、农业等行业，明确与1.5℃及2℃目标相匹配的技术需求仍然存在较大挑战。

（3）资金。气候资金是《巴黎协定》中重要的实施和支持手段。在碳中和的背景下，亟须有效控制发展中国家的碳排放增长趋势，以气候资金为核心的气候援助在发展中国家应对气候变化行动中重要性凸显（张锐等，2022）。发达国家缔约方在2009年哥本哈根气候变化会议领导人会议上做出承诺，在2020年之前每年将至少从公共和私人来源筹集1000亿美元为发展中国家提供气候融资，但迄今为止其援助力度仍与这一目标存在较大差距。在COP27上，缔约方达成协议为受气候灾害重创的脆弱国家提供损失与损害资金，但仍有待于实施落地（UN Climate Change，2022）。在《巴黎协定》的规定文本下，融资目标过于宽泛和笼统，难以为气候投融资行动提供明确的指导意见（Obergassel et al.，2019）。气候资金承诺缺乏可信度不仅会影响《巴黎协定》的效力，还会影响发展中国家兑现承诺的能力，进一步影响减缓承诺的可信度（Victor et al.，2022）。因而，碳中和进展评估中需考量气候资金状况，包括资金缺口、资金的可信度及资金的公平性等，这有助于评估发达国家在支持发展中国家减缓和适应气候变化的承诺方面取得的进展，以及所有资金流动是否与气候目标保持一致（Watson and Roberts，2019），促进发达国家履行责任。

（4）监管体系。完备的监管体制及定期且具有法律效力的审查是支持国家碳中和目标实施的重要反馈手段，能够为国家碳中和目标和政府未来决策提供必要的信息。各国现有针对碳中和目标的监管关注减排气体的核算、碳中和转型的潜在经济机会和风险、已采取的减缓和适应措施的影响、政策及法规建设等方面（Department of the Environment and Energy of Australian Government，2019；中华人民共和国生态环境部，2022；HM Treasury，2021）。对于国家在使用碳移除和碳抵消技术过程中的监测、报告和核查机制需要完善，管理大规模清除部署的监管框架尚待制定。需要适当的政策信号，以确保排放和清除之间的适当平衡以及正在部署的任何清除解决方案的环境完整性。

4）通过全球盘点机制促使碳中和进展评估产生效力

《巴黎协定》规定了雄心勃勃的全球温升远期控制目标，但各缔约方目前的行动与雄心水平远未达到这一目标。为审查《巴黎协定》实施情况及对各缔约方的集体进展进行评估，全球盘点机制应运而生。《巴黎协定》第 14 条对全球盘点的主体、目的、原则、范围和时间进行了概述：规定全球盘点将评估减缓、适应，以及实施手段和支持这三个领域的全球集体进展（UNFCCC，2015）；全球盘点还将考虑应对措施的社会和经济后果及影响，以及防止、尽量减少和处理与气候变化不利影响相关的损失和损害（UN Climate Change，2023）。全球盘点属于《巴黎协定》遵约机制的重要组成部分，在 2023 年进行的第一次全球盘点从 2021 年 11 月在英国格拉斯哥召开的 COP26 上开始，于 2023 年 11 月在阿拉伯联合酋长国迪拜召开的 COP28 上结束，此后每 5 年进行一次。

全球盘点旨在考虑"缔约方 NDC 的总体影响以及缔约方在实施 NDC 方面取得的总体进展"（World Resources Institute，2022b）。它对国家层面 NDC 进行汇总，以便在全球层面实施评估并得出结论。这些结论将为下一轮 NDC 的各自国家气候政策议程提供信息。

全球盘点取代了法律约束力，成为缔约方遵守条约的核心动力来源（Milkoreit and Haapala，2019）。一方面，全球盘点的时间间隔为 5 年，而 2020 年和 2025 年缔约方需要提交和更新 NDC，第一次全球盘点的时间恰好介于两者之间，全球盘点的结果或可促使缔约方在 2025 年更新 NDC 时增强雄心。另一方面，缔约方 NDC 的实施情况也是全球盘点的信息来源之一，全球盘点恰好和 NDC 形成相互促进、相互增强的棘轮机制（Müller and Ngwadla，2016），如图 6-3 所示。全球盘点的对象与国家递交 NDC 的主体层级其实并不一致：全球盘点的结果将呈现全球作为一个整体距离实现《巴黎协定》目标存在多大差距，评估单个 NDC 目标不属于全球盘点的任务范围；而更新 NDC、加强行动力度的决策主体是国家一级的缔约方。尽管如此，全球盘点的制度、方法及结果可以为国家决策者提供开展此类工作的有效信息。缔约方以国家自主的方式更新并加强气候行动，逐步趋近与《巴黎协定》相一致的路径（梁晓菲，2018）。

2. 碳达峰、碳中和目标的立法保障①

目前，应对气候变化立法引起了学者和政策制定部门的高度关注，将健全法律法规、强化法律法规衔接协调、加快立法进程列为推进"双碳"工作的重要保障机制。在近年域外应对气候变化立法明显提速的外部背景下，多数观点

———————

① 观点文章：孙雪妍, 王灿. 2022. 论碳达峰碳中和目标的立法保障. 环境保护, 50(18): 40-43.

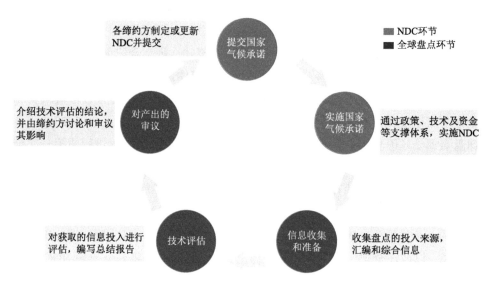

图 6-3 　《巴黎协定》下 NDC 与全球盘点的棘轮机制

认为中国出台相关法律的时机已经成熟，主张尽快将应对气候变化立法纳入国家立法计划。

实践中，各国（地区）在应对气候变化的政策模式设计上有所区别：欧盟各国注重立法对政策的统筹引领作用，2021 年欧盟提出了包括二氧化碳定价、清洁能源、交通、节能在内的"一揽子立法建议"，而德国、丹麦、挪威、法国等欧盟国家此前已分别出台了应对气候变化法（Carlarne，2010）；美国等未出台专门立法的国家注重政策的支持和推动作用，主要通过各产业转型目标和监管政策将减碳任务拆解到各产业发展规划中。从规范结构来讲，应对气候变化的法律和政策体系通过双向互动、互补共同构成完整的应对气候变化治理体系，但两者的功能机制和规制方法仍存在内在差异。出台立法的目的不仅在于对政策内容进行有效补充，还需要在"双碳"目标的引领之下，通过法律系统区别于政策系统的特性，构建稳定、规范、长期的治理框架与具体制度。

1）立法保障碳达峰、碳中和目标的必要性

目前，中国"双碳"治理体系中的主要规范内容是"1＋N"顶层设计文件及各监管部门出台的"碳达峰十大行动"政策文件。在中国的政治架构和政府体制中，国家层面的政策具有强大的组织力与号召力，是推动央地制度建设与落实的有效工具。然而"政策治理"的固有缺陷也较为明显：政策的组成内容多是原则性规定，在表现形式上多是总体性的行政规划和行政指导，对于参与"双碳"行动的个人、企业、政府等微观主体缺乏清晰的权利、义务边界划定。此外，基于"任务驱动"的政策路径依赖有可能产生目标传导、政策资源分配的央地偏差，体现为地方产业结构调整进度不能适应顶层规划，政策路径较法律而言缺乏范围明确的授权，导致地方层面对政策的自觉性和创造性不足（万健琳和杜其君，2021）。故此，以正式法律保障"双碳"目标的必要性首先表现为为"双碳"长期行动提供稳定化、规范化的制度预期，以法律形式固化、转化政策的重要内容，降低政策的易变性与不稳定性（李忠夏，2020）。

在世界范围内，多数国家的气候治理体系由立法机关制定的正式法律、地方性法规与各层级政策多项内容组成，其中立法的优势在于合法性来源明确、规范效力稳定、程序公开透明以及为"涉碳"法律争议提供明确的司法裁判依据。一方面，法律的出台意味着政府、企业、个人等多方主体，宏观、中观、微观等多个层面的"双碳"行动具有合法性依据；另一方面，法律规范一经确定，只能有选择地引入和回应系统外的政策、经济、社会要素，立法和修法的正式程序可以在一定程度上"隔离"短期的政策变动和经济优先考虑，为长期的社会绿色低碳可持续发展提供稳定、连续的制度和规则保障。

欧盟等主要国家和地区的应对气候变化立法模式出现了从"分散立法"模式转向"分散立法＋专门立法"模式的趋势（余耀军，2022）。框架式的专门立法将减缓和适应气候变化各领域的单行法和政策进行集约化、系统化整合，起到基础性法律的统领、指导作用。从内容来看，应对气候变化立法在制度设计上并不是包罗万象地纳入减缓和适应气候变化的全部规制措施与行政规划，其主体内容通常由四项支柱性规定构成，包括：目标（固定长期目标或根据风险评估定期动态调整的中长期目标）、碳预算（授权政府制定，但立法规定必须考虑的因素）、规制工具箱（要求政府制定规制手段的相关政策）、监管框架（各行政机关权责分配、独立咨询机构的法律地位、决策程序）。故此，立法有助于完善气候变化的法律和政策体系，也有助于解决"双碳"行动与其他法律部门及具体政策的冲突问题，其一方面将中央"双碳"目标的总体考虑转化为可落地的、具有法律约束力的中长期目标，以及实体性及程序性的行政权力约束和可操作的规制方案；另一方面依法对各地方、各行业的"双碳"规制和监管进行授权，保证了合法框架内各行政主体政策执行上的自主性和差异性，以此种体系内外的衔接功能明确各方主体的权利、义务。从气候政策、分散立法主导模式转向专门立法主导模式实际上象征着应对气候变化的社会基础、政治基础、法治基础、制度基础完善，也代表着国家对"双碳"长期行动的信心，应对气候变化立法的主要内容虽然来源于"政策转化"，但其作为"法"的独立价值和功能无法被政策完全替代。

2）立法实现碳达峰、碳中和目标的体系化保障

由于气候治理体系中包含的各项政策、法律来源较分散，内容广泛而复杂，各规定的碎片化程度较高，需要应对气候变化立法发挥统筹治理体系的功能：一方面，通过对立法关键概念、关键性条款（如立法目的、法律原则、远期目标、部门职权）的建构，树立应对气候变化立法的总体价值导向、目标导向，使各法律、政策实施的出发点及落脚点归于一致；另一方面，通过应对气候变化立法的规定衔接涉"碳"的其他法律部门，如环境保护法、能源法、自然资源法、民法等相关规范，使"新法"与"旧法"在服务和保障"双碳"目标上具有协调性，缓解法律冲突对碳中和的负面影响。中国应对气候变化立法的体系统筹需求主要有如下几点。

（1）确保碳中和远景目标的政策协同。目前，中国已就应对气候变化的主要规制手段开展了制度创新和政策尝试，比如碳排放权交易制度，碳排放监测、报告与核查制度，碳减排专项工具与气候投融资制度等，但制度建设主要是自下而上、实践成熟带动规章（或地方性法规）制定的模式。这种模式有利于各方探索创新，但存在各制度之间难以形成有效合力的短板。这是因为，单行制度的政策设计很难将应对气候变化立法的总体目的与价值贯穿其中，应对气候变化立法中政策共识的建构主要由立法目的条款、法律原则条款来实现，各项具体规则设计不能违反立法目的与基本原则，如欧盟应对气候变化立法中的"不伤害原则"要求规则设计不能对成员国、国内组织和公众造成损害；墨西哥《气候变化基本法》的立法目的为"维护健康环境权、将温室气体浓度维持在安全程度、提升民众和生态系统适应气候变化的能力"（Solorio，2021）。这些条款协调了应对气候变化过程中冲突的利益和价值，将碳中和的远景目标内化于法律，使各单项条款均服从于统一的价值、目的。从宏观层面理解，碳中和需要污染防治法、自然资源法、能源法律体系及其他各项法律中涉及气候变化的条款共同推进。但每一部法律的立法目的与价值并不完全相同，特别是在如何处理生态环境保护和社会经济发展的关系上，中国各环境保护单行法多将"促

进经济和社会可持续发展"作为立法目的、《中华人民共和国能源法》将"能源高质量发展"作为立法目的,其各自在如何处理短期经济效率与应对气候变化的价值优先性上还存在模糊之处。应对气候变化立法的目的与原则应着重突出应对气候变化对"地球生命共同体"发展的长远作用,彰显各自然要素、经济活动"协同治理""协同转型"的重要意义,并明确该原则在解决法律规范冲突时具有优先性的指导效力。

(2)形成权责有序的管理框架。理想情况下,应对气候变化立法需要在纵向上对央地两级,横向上对各相关监管部门的立法权限、政策制定权限,通过清晰、明确的授权条款和限权条款予以规范。首先,地方的政策落实、政策创新与应对气候变化立法的实施效果密切关联,地方立法与行政规划是完整气候治理体系的重要构成部分,如英国授权苏格兰、北爱尔兰、威尔士地方政府独立制定框架性气候立法,并由气候变化委员会对法案提供独立建议(Averchenkova et al.,2021)。德国立法将地区发展规划认定为适应气候变化行动的跨领域课题,允许地方因地制宜制定适应方案。一般来说,适应气候变化的方案取决于地方生态环境特殊性,而减缓气候变化的方案与地方产业、产能结构紧密相关,应对气候变化立法应当明确地方可自主制定的法规、规划、政策范围以及它们的效力位阶,并将应对气候变化目标、总量控制目标向地方拆解分配,规定监督机制。其次,应对气候变化牵涉环境、规划、能源、交通、金融等多个法律及政策规制领域,使多个政府监管部门的职责交织,这些领域既有可能对应对气候变化发挥正向促进作用,也有可能对其存在潜在的负向抑制作用,故应通过修法、法律解释程序对这些领域与"双碳"精神不相匹配的规范进行及时修订,而在应对气候变化立法过程中也应当明确其他部门法中各项相关条款在气候变化领域的适用范围。

(3)形成科学民主的行政决策程序。气候变化在性质上属于科学不确定性的风险,风险预防原则约束下的行政规制以科学、民主的行政程序提升决策理性,传统行政直控式的决策程序应当因循调整。在国外立法中,跨部门的、专业的独立咨询机构在"双碳"目标路径制定和调整上发挥着专业优势,在重大事项决策程序中的关键环节上起到专业支撑作用。科学专业意见与公众意见是支持持续性碳中和行动的有力杠杆,立法中纳入这些因素可以确保阶段性的行动目标与方案反映社会公众的风险预防诉求与客观科学要求。

3）立法提供碳达峰、碳中和目标的制度支撑

应对气候变化立法是典型的政策保障型立法、社会调控型立法，除宏观层面的稳定社会预期、彰显政治决心、衔接各部门法的功能之外，其在具体的制度设计上以促进低碳经济发展、提升减缓和适应措施效率为指向，通过与政策、经济系统互动实现社会调控目标（王灿和张雅欣，2020）。应对气候变化立法的关键制度设计应当契合气候变化领域治理手段的发展逻辑：传统的生态环境监管目标在于预防或修复确定性的环境污染，手段以行政机关主导的强制性、处罚性措施为主；减缓气候变化是社会全面转型的系统性任务，涉及绿色、低碳产业技术的供给、需求、资源配置、经济循环等多个市场环节，必须塑造政府引导、市场激励、公众参与、国际合作的多主体治理格局，通过不同政策工具将技术引领与市场激励机制结合起来（张雅欣等，2021）。国际上市场价格引导、资金激励、信息规制等"软性"工具在碳中和实施路径上取得了良好成效，应将其作为立法制度建构的重点。

（1）碳排放权交易制度。中国已启动全国碳排放权交易市场（简称碳市场）并出台《碳排放权交易管理办法（试行）》。中国碳市场采取"配额型交易"路径，由中央生态环境监管部门主要负责分配和核查地方排放量。碳排放权交易制度由排放配额分配、价格规则、监管和信息披露规则、权利担保规则、碳抵消规则等构成，作为"双碳"领域基本的规制工具，这些规则应当并入未来的应对气候变化法或通过立法程序转化为正式法规等规范层级效力较高的文件。从实践情况来看，中国碳市场首期履约的成交量低于预期、交易覆盖行业范围较窄、各方主体权利和义务不甚明确，出现了与履约、交易、登记相关的司法诉讼案件，这说明中国亟须完善与碳排放权交易相关的法律规则。碳排放权的本质属性是落实碳排放总量控制制度背景下的法律拟制，虽然其服务于行政管制和政策目标，但发挥长期规制效果依靠的是市场的价格信号，因此中国的交易规则应立足于扩大市场供需在价格形成中的作用，按照碳达峰进度逐步收紧配额发放、减少行政手段对市场价格的干预。

（2）涉碳金融制度。社会全面低碳转型需要大量的资金支持，如何发挥财政、社会资本的引导激励作用也是应对气候变化立法的核心议题。能否调动、引导金融资源流向低碳领域，驱动企业开展低碳技术创新、推广，关涉碳中和的成败。目前中国已就绿色金融相关制度开展政策尝试，如碳减排专项支持工具、绿色信贷、绿色债券、气候投融资试点等（谢璨阳等，2022）。绿色金融

的各项资金融通渠道应在应对气候变化法的规范下开展创新，具体规则包括绿色金融的范围、类型、标准、政策支持举措、法律责任等。特别是参与绿色金融的市场主体负有气候信息强制披露义务，防止企业"漂绿"进行金融套利。目前，中国相关领域的强制义务、监管规则、法律责任等仍存在大量规则空白，亟待立法补充相关规则。

（3）气候变化信息规制与风险评估制度。碳市场的建设运行、碳减排任务的分解与监督、企业排放量的盘点与监督均依赖对相关数据的准确计量与核算。目前国际上较成熟的报告与核查体系，即监测（monitoring）、报告（reporting）和核查（verification），包括三项内容：计量标准与监测核查方法学的建立，产品碳足迹计算，产品碳含量、减排量、碳汇量核证（汪惠青，2021）。从外国经验来看，报告与核查体系的规范和技术完善是碳市场运行的基础性前提，一般将其嵌入应对气候变化法或单独就报告与核查制度出台立法、行政法规，为计量核查提供明确法律依据。中国在碳市场试点的开展过程中分区域建立了地方报告与核查标准，核算规则目前以国家发展和改革委员会出台的 24 个行业企业温室气体排放核算方法与报告指南为准，未来立法应在顶层设计层面明确报告与核查各项规则的法律约束力，统一信息披露规则、流程及相应法律责任，约束监管主体的监管责任，建立排放监测与预警机制，并明确操作细则、技术标准的法律地位。

此外，气候变化风险描述的是气候变化对社会、经济、环境的潜在影响，是人类和自然系统暴露度、脆弱性共同作用的结果，气候风险评估为减缓和适应规划、项目决策等提供科学基础。目前，中国已出台《适应气候变化——脆弱性、影响和风险评估指南》（ISO 14091：2021），以识别、量化气候变化对各系统的潜在影响。韩国《应对气候危机的碳中和绿色增长框架法》制定了气候变化影响评价制度，事前对国家重大规划及开发项目进行提前性的影响评估；美国法院在多个行政诉讼案件中判决政府应将气候变化影响作为环境影响评价程序的必要内容。由于中国现阶段气候影响评估的适用范围、评估主体和流程并未成熟，在立法制度设计上应先明确评估的概念、目的和较抽象的适用范围，为后续的规则制定、程序设计建立合法性依据，留下充分的制度空间。

3. "双碳"目标下的城市建设之路[①]

城市是能源消耗和温室气体排放的主要贡献者。联合国政府间气候变化专门委员会第六次评估报告和相关研究表明，城市经济总量占全球 GDP 的 80%，其能源消耗量占全球能源总量的 67%~76%，产生的 CO_2 排放量占全球 CO_2 总量的 71%~76%（IPCC，2022a）。

随着全球城市化进程的持续深入，预计 21 世纪中叶城市人口比例将增加至 70%，从而带动居民生活、工业活动、基础设施及土地利用等领域温室气体排放的进一步增长。此外，城市基础设施使用寿命往往较长，具有很强的锁定效应。若不能合理规划城市土地利用和建成环境的空间布局，城市将可能在很长时间内沿着高碳路径发展。

因此，城市在缓解全球气候变化方面发挥着关键作用。以城市气候领导联盟（Cities Climate Leadership Group，C40）、全球气候与能源市长联盟等为代表的国际联合组织，正积极号召全球城市广泛加入，共同推动城市气候行动和可持续发展。

截至 2022 年，全球已有 1049 个城市承诺将在 2050 年前成为净零碳城市（也可称为气候中和城市、净零能源城市、无碳城市或碳中和城市），致力于从根本上减少和移除城市活动的温室气体排放（UNFCCC，2022a）。

1）2008 年中国低碳城市建设启动

开展国家低碳试点和近零碳排放示范，能够通过产业、能源、交通、建筑、生态等多领域技术措施的集成应用、政策制度和管理机制的创新实践，实现碳排放总量的有效控制与减污降碳协同（余璐，2020）。因此，低碳城市试点作为应对气候变化的国家战略，对推进实现中国"双碳"目标、加快生态文明建设、推动经济高质量发展和生态环境高水平保护具有着重要的战略意义。

中国高度重视城市在落实气候行动目标中的积极性和创造性。早在 2008 年，中国住房和城乡建设部联合世界自然基金会（World Wildlife Fund，WWF）在上海和保定两市率先发起低碳城市发展倡议。2010 年，国家发展和改革委员会选取天津、重庆、深圳等 8 个城市启动了首批低碳城市试点，展开探索性实践。随后 2012 年和 2017 年先后公布了第二批、第三批低碳城市试点名单。截

---

① 观点文章：郭芳，王灿. 2022. "双碳"目标下的城市建设之路：从低碳走向碳中和. 前沿科学, (2): 46-50.

至 2022 年，中国低碳试点城市涵盖了 81 个城市（区、县）（Li et al.，2018）。由此，低碳城市试点已经基本在全国全面铺开，覆盖了经济发达区、生态环境保护区、资源型地区和老工业基地等多类地区，这些试点城市在人口总量、经济发展、产业结构和能源结构等方面具有较大差异（图 6-4）（郭芳等，2021；王帆，2021）。

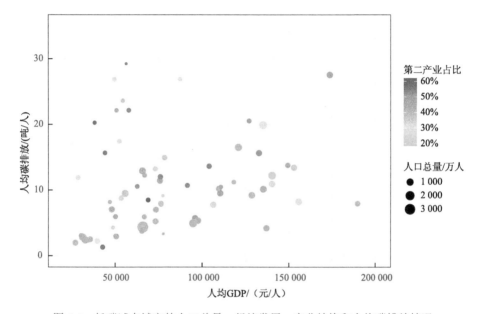

图 6-4　低碳试点城市的人口总量、经济发展、产业结构和人均碳排放情况

2）低碳试点城市的建设成效

14 年来，低碳试点省市立足地区实际，围绕试点工作实施方案，认真落实各项目标任务，取得明显进展和成效，综合概括为以下几个方面。

一是重视低碳引领与组织领导，主动将低碳发展融入各地发展规划体系。为牢固树立并践行低碳发展理念，多个试点城市编制了低碳发展专项规划或应对气候变化专项规划，将低碳发展目标纳入国民经济和社会发展五年规划中，以低碳发展理念引领城镇化进程和城市空间优化，加快推进低碳理念向深层次延伸。部分城市设立了低碳发展领导小组，强化党政机关的目标责任和统筹协调能力（庄贵阳和周伟铎，2016；徐华清等，2018）。

二是以碳达峰目标为引领，强化低碳发展体系。试点城市在完成更加严格的碳强度下降目标的基础上，进一步明确了碳达峰目标与实施路线图。整体上，处于后工业期、经济发达的城市低碳发展进程较快。而一些资源依赖型和传统重工业城市由于其高碳的能源和产业结构存在转型瓶颈，未能积极进行模式和制度方面的突破与创新，致使低碳建设进展与成效缓慢。

三是创新发展理念，因地制宜地探索绿色低碳发展模式和路径，形成一批可复制、可推广的经验和做法。部分试点积极探索碳排放总量控制目标与区域分解机制、探索实施固定资产项目碳排放评价制度、强化主要部门重点行业碳排放评估考核机制等。部分试点城市组织实施低碳产品和低碳技术标准、标识与认证制度，促进低碳技术的研发与产业化，加大低碳技术推广力度；部分试点城市积极探索气候投融资机制，设立了低碳发展或节能减排专项基金，探索跨区碳交易市场、碳普惠金融等多种市场化手段（庄贵阳，2020）。

四是重视基础能力建设，协同试点政策，提升低碳管理水平和绿色低碳意识。绝大多数试点城市开展了温室气体排放清单编制工作，部分城市建立了常态化的清单编制机制，建设了数据收集统计系统和数据管理平台。综合来看，这些试点地区在基础数据建设和路径研究等方面都得到了很大提升。部分试点城市强化与低碳社区、低碳城镇等不同层次试点政策，低碳交通、低碳建筑等不同领域试点政策，智慧城市、海绵城市、资源转型城市、生态文明先行示范区等国家综合试点政策相协同，形成了发展合力，政府、企业、社会公众的绿色低碳意识也得到提升（禹湘等，2020）。

3）从低碳城市走向碳中和城市

现阶段，中国低碳试点城市碳达峰目标逐步明晰，碳达峰政策支持力度不断提升，试点城市的成功经验有望进一步扩散。碳达峰、碳中和是"十四五"及未来更长一段时期内中国经济社会发展的主基调。低碳城市作为中国推进"双碳"目标的重要抓手，未来应不断向碳中和城市理念转变，在带动中国城市探索实现净零目标路径的同时，也为新发展格局下全球城市的未来发展做出示范。

综合了解城市温室气体的核算框架是评估碳中和城市的基本前提。根据联合国政府间气候变化专门委员会第六次评估报告的系统梳理，城市温室气体的核算框架可以分为四种，分别是地域核算、基于消费的碳足迹核算、城市基础设施足迹核算和城市基础设施全供应链碳足迹核算（IPCC，2022a）。

地域核算主要包含城市地理边界内生产和经济活动有关的排放量（即"范围 1"排放）。在这个框架下，城市碳中和意味着城市边界内化石燃料燃烧、工业过程/产品使用、废物和其他活动实现净零排放，而不涉及城市边界外的排放情况。基于消费的碳足迹核算主要包含城市边界内最终消费所产生的排放，不包括出口产品或服务隐含的排放；若最终消费不仅包括居民，还包括政府、资本形成及出口，则定义为城市基础设施全供应链碳足迹核算。这两种框架均强调跨城市的供应链系统脱碳对城市碳中和的重要性。城市基础设施足迹核算则包括来自城市关键基础设施和粮食供应系统所产生的排放，包括能源、水、交通、建筑、废弃物/污水管理、食物和绿色公共空间等（即"范围 1"排放+"范围 2"排放或"范围 3"排放）。在此框架下，城市碳中和意味着所有关键基础设施和供应系统全部实现净零排放。

4）城市碳中和建设的战略与路径

联合国政府间气候变化专门委员会第六次评估报告表明，城市碳中和建设可以结合自身城市类型，围绕三大战略下的七种路径具体展开（图 6-5）。其中，三大战略指的是提高效率、转换供应和提高碳汇，七种路径包括城市空间综合规划、低碳生活方式、城市产业共生、能源系统脱碳、电气化、净零材料和供应链、提高碳储存和碳吸收（Seto et al.，2021；Georgescu et al.，2021）。对于已建成的城市，应关注对老旧建筑的重新改造利用，积极推广电气化；对于迅速扩张中的城市，应注重选择城市空间综合规划、电气化、建设蓝绿基础设施的路径方案；对于新建城市，应积极创建紧凑、适宜步行、公共交通导向的城市建筑环境，在实现城市高质量生活的同时实现净零排放。

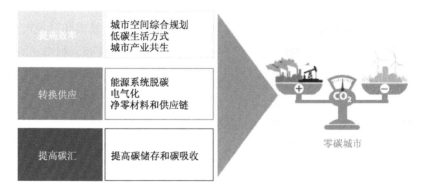

图 6-5　城市实现碳中和的三大战略与七种路径

城市空间综合规划与密度、土地利用模式、连通性、可达性等城市形态方面的关键特征有关。以往研究表明，这些特征会显著影响城市能耗及其排放。因此，城市空间综合规划应围绕城市形态特征广泛展开（图6-6）。例如，打造紧凑和适宜步行的城市形态，提高人口、建筑和就业密度；打造多功能的混合型城市土地利用模式；提高街道连通性，如增加交叉路口密度、缩短街区长度等；提高公共交通和工作目的地可达性等。

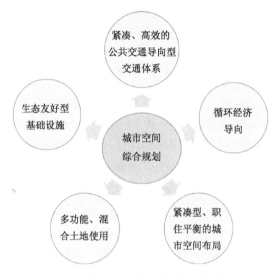

图 6-6　城市空间综合规划的具体策略

低碳生活方式策略与城市空间综合规划策略相辅相成。城市通过城市形态、能源系统和基础设施等，为城市消费者在居住地、交通、能源、材料、食物等方面提供多种选择。这些选择的可得性会塑造居民个人行为和消费模式，进而影响城市排放。反过来，居民行为和消费模式也驱动着城市系统发生变化，进而影响城市排放（IPCC，2022a）。因此，在碳中和目标下，城市应在塑造零碳建筑与零碳交通的同时，积极采取一系列措施推动居民交通、居住等方面的行为转变。

跨部门的城市产业共生策略将极大地助力城市碳中和目标实现。城市产业共生是指城市内部工业、建筑、市政等基础设施跨部门的能源和物质交换，具有节约资源能源，减少环境影响的积极效果。目前正在广泛兴起的产业共生策略包括：第四代区域供热/制冷系统，可将工业企业/发电厂的蒸汽、余热用于其他企业、城市建筑的供热和制冷；工业企业能源交换，可将粉煤灰、除尘污泥等固废供给水泥厂等生产建材，或利用炼油厂的冷却水实现水资源的回用；区域能源系统、废物发电、食品堆肥，以及从废水回收中回收甲烷等循环利用措施（Ramaswami et al.，2017，2021）。

在转换供应方面，能源系统的关键策略主要包括零碳电力系统转型和较难实现电气化部门的零碳能源转型。净零材料和供应链策略主要聚焦在老旧建筑的建筑围护节能改造和新造建筑的净零建材推广使用。电气化关键策略则涉及对建筑和交通等终端消费部门的电力化技术替代。实际应用中还需广泛结合紧凑城市发展战略和需求侧减排策略，从而提升减排的灵活性。

在提高碳汇方面，城市应发展城市绿地、湿地、污水处理等蓝绿基础设施，积极推广基于自然的解决方案。已有研究充分表明，城市蓝绿基础设施在气候变化减缓和适应方面具有多重效益，也与城市层面的多个可持续发展目标相联系。例如，城市绿色屋顶规划与建设，既能降低建筑供暖和制冷能耗需求以减少碳排放量，也能在城市面积日趋紧张的背景下，作为新型碳汇降低大气中的碳浓度（郑馨竺等，2021）。

6.2.2 技术

1. 实现碳中和必须更好发挥技术合力[①]

碳中和技术是实现碳中和愿景的重要支撑，综合、有序运用各类碳减排/零排/负排技术有效控制人为的净二氧化碳排放，是实现碳达峰、碳中和的关键。按照重点行业和领域关键核心技术划分，支撑碳中和的技术可以分为能源绿色低碳转型支撑技术、低碳与零碳工业流程再造技术、负碳及非二氧化碳温室气体减排技术、前沿颠覆性低碳技术、管理决策支撑技术等；根据能源生产消费特征、控碳环节及温室气体种类等，还可以分为零碳电力系统技术、低/零碳化终端用能技术、负排放以及非二氧化碳温室气体减排技术等，其中每一类技术构成均涵盖门类众多、工艺差异大的具体技术。不论依据哪种分类方式，没有

---

① 观点文章：《实现碳中和必须更好发挥技术合力》，作者为付琳。

任何一项碳中和技术构成或具体技术能够独立支撑中国实现碳中和愿景,这是由碳中和愿景目标和技术本身的特征决定的:碳中和是一项广泛、深远的经济社会系统变革,也是一项复杂系统工程,必须发挥多种技术合力,统筹各项技术流程才能实现;碳中和技术本身的发展进步尚存在诸多不确定性且具备长期锁定效应,必须协同考虑多项技术组合、科学规划各时期技术清单才能保证发挥预期减排效果。

一是实现碳中和是多重目标、多重约束的经济社会系统变革,尽早布局碳中和技术体系势在必行。作为全球最大的发展中国家,中国尚处于快速工业化和城镇化发展进程中,能源和产业结构高碳特征依然明显,加之中国实现碳中和目标的减排速度和力度远超发达国家,当前实现碳中和的时间已十分紧迫。尽管在2005~2018年,通过节能和提高能效,中国单位GDP能耗下降了40.6%,单位GDP碳排放下降了45.8%,实现二氧化碳减排45亿吨,为中国提前两年实现NDC碳强度降低上限目标贡献了87%,但同期的能源消费总量却增长了80.5%,能源活动二氧化碳排放量增长了61.4%,可见,节能技术提升了中国的能源利用效率,却无法有效管理能源二氧化碳排放量,因而无法独立支撑中国碳中和愿景的实现。并且,根据国际能源署的估算,2018年后"节能提升能效"仅能为全球实现净零碳排放做出37%的贡献。可见在碳中和赛道上,没有任何一种技术能够领跑全程,必须发挥多种技术合力,科学规划、尽早布局能够实现碳中和目标的技术体系势在必行。

二是碳中和是一项复杂系统工程,需要统筹各项技术流程才能实现减排效益最优化。支撑碳中和的技术几乎涉及所有产业和经济活动。随着碳达峰、碳中和被纳入中国生态文明建设整体布局和经济社会发展全局,必须将各项碳中和技术放在碳中和这一系统工程中统筹考虑。这是因为受到上下游产业链及其传导效应、中国能源供给与消费"源荷割离"等影响,碳中和技术在不同程度上受到多项相关上下游技术的推动或制约。例如,风光等可再生能源发电技术既受到储能技术进步的推动,又受到铟、碲等光伏发电组件生产过程中关键制造元素稀缺的制约,其发电规模还与新型电力系统对新能源的消纳能力息息相关。可见,各种碳中和技术的关联性及其复杂程度极高,每项技术的发展现状、研发投入、推广政策等不仅影响着该技术的减排潜力,还对其他多项技术的应用、研发和推广产生复合影响。因此,必须树立系统思维、通盘谋划,统筹考虑各项碳中和技术及其相关技术流程,才能以较优的成本效益实现碳中和愿景。

三是碳中和技术的发展、投产和产业化应用面临诸多不确定性，必须协同考虑多项关键技术组合以保证预期减排效果。科学技术的发展具有不确定性。例如，在技术研发环节可能存在延迟或失败风险，推广应用环节则存在市场反响不佳、经济成本效益未达预期、社会环境潜在负面影响大等可能。一旦技术流程或技术构成中的某一项技术表现未达预期，不仅将连带影响相关技术的市场表现和减排效果，还可能引发碳中和技术支撑体系的重大变革。因此，在碳中和战略部署阶段，应当在某一技术流程或技术构成中提前部署多项技术组合，为应对潜在的不确定性提供可选择的技术方案，特别是对于某些高风险和具备较高潜在负面影响的技术。例如，当前尚未大规模全流程工业化应用的 CCUS 技术，虽然能以较高比例捕集发电和工业过程中使用化石燃料所产生的二氧化碳，有力地为低/零碳技术补位，但同时也面临着泄漏、污染物排放等风险，以及成本高、技术本身尚不成熟等发展瓶颈。

四是碳中和技术及其配套基础设施投放后具备长期锁定效应，必须倒排工期确定各阶段重点研发、攻关、投放技术清单等。这是因为碳中和技术及相关基础设施投产后通常具有数十年的生命周期、锁定效应基础时效长，加之中国经济进入新发展阶段，工业化不断向纵深发展、产业结构向高级化演进，基础设施的更新周期更长、更新成本更高，因此这一锁定效应还会被进一步拉长。因此，在适当的时机将符合市场需求的、适度成熟的碳中和技术进行精准投放，同时尽量减少由技术更新频繁引发的资产提前退役现象及其经济损失和投融资风险，这对于中国实现碳中和愿景至关重要。同时，我们需要倒排技术周期，科学制定各技术周期重点研发、攻关、投放前沿颠覆性技术的清单。考虑到中国实现碳中和愿景的时间紧、任务重，留给技术升级更新的时间已不多，应在下一个技术周期来临前，确定成熟度较高的重点投放技术及其预期生命周期，为相关重点研发和技术攻关预留技术接口，力争降低技术更新频次和相关影响。

综上，考虑到中国实现碳中和愿景目标面临的紧迫性、艰巨性，技术的不确定性及其锁定效应，必须运用系统思维，科学规划、尽早布局，更好发挥碳中和技术合力，为中国实现碳中和愿景目标提供坚实支撑。

2. 充分评估共生效应，促进碳中和技术发展[①]

碳中和技术的蓬勃发展将强有力支撑实现碳达峰、碳中和目标。不同行业、地区都对各种新兴碳中和技术抱有极高的期待，甚至列出了雄心勃勃的部署目标和路线图（如海南将于 2030 年禁售燃油车）。值得注意的是，任何的新技术落地都将会带来多方面的共生效应，即在技术部署的同时会带来多个维度的风险或效益，具体如经济影响、空气污染、人群健康等。缺乏对碳中和技术正面共生效益的定量认识（如降低能源对外依存度、改善空气质量和人群健康等），有可能导致碳中和技术部署迟缓，因为碳中和技术的成本（如技术成本、搁浅资产、就业影响、金融风险等）往往很高，不具有市场竞争力，如果能够清晰核算上述共生效益，研发和部署该碳中和技术的积极性就会大大提升。另外，如果缺乏对碳中和技术负面共生风险的认识（如加剧水资源供需矛盾和生物多样性损失等），部分碳中和技术的盲目部署有可能会带来难以预见的危害和风险，从而为实现碳中和目标付出巨大代价。因此，充分评估正负两个方面的共生效应，有利于趋利避害地进行碳中和技术的发展和优化部署，促进碳中和目标与其他国家战略目标之间的协同，全面回答如何全国一盘棋地实现碳中和目标这个重大战略决策需求问题。

1）研究现状、趋势及认识

碳中和技术的共生效应具有多维度、跨部门及时空和人群异质性的特点。碳中和技术的共生效应维度广泛，横跨经济、社会、能源和自然生态等多个系统，覆盖生产侧到需求侧的多个部门，包括环境影响、经济影响、能源安全、资源和产业安全、人群健康等多个方面。环境影响方面，碳中和技术可以改变空气、水和土壤污染的程度，进一步影响行星边界的要素如大气、陆地、海洋、氮磷循环、生物多样性等（Steffen et al.，2015）。经济影响方面，碳中和技术部署可能导致部分传统的基础设施因淘汰产生搁浅资产、就业影响，并带来经济增长或者金融风险（Qiao，2021；Umar et al.，2021）。能源安全方面，碳中和技术部署还能解决能源安全问题，在新型能源系统变革的背景下，碳中和技术的部署有机会降低资源型能源的对外依存度（Kang et al.，2020；Zhong et al.，2022）。资源和产业安全方面，碳中和技术还将改变资源的消耗强度和模式，

---

① 观点文章：《充分评估共生效应，促进碳中和技术发展》，作者为沈鉴翔。

从而缓解某些资源紧缺或产生新的资源约束（Morisetti，2012；Gulley et al.，2018）；碳中和技术还有可能改变产业布局，重塑地区产业（Olick，2021）；部分碳中和技术会带来土地利用变化，有可能竞争耕地或水资源并威胁粮食安全（Köberle，2022）。碳中和技术部署还将通过环境、饮食及运动改变从而影响人群健康（Landrigan et al.，2018；Hamilton et al.，2021）。碳中和技术具有跨部门的影响，比如生物质的大规模应用虽然能降低如电力、工业和交通等部门的碳排放和环境影响；但也会使上游能源作物种植过程中的土地利用和水资源需求增加，带来资源安全和粮食安全风险（Wu et al.，2018；Fujimori et al.，2022）。碳中和技术的共生效应具有时空异质性，以 CCS 技术为例，虽然其可以在现有基础设施的基础上改造，从而避免短期大量的搁浅资产和金融风险，但可能带来远期的地质风险，并持续带来空气污染相关的健康损失（Zhang et al.，2019）；由于其封存的需求以及基础设施分布情况，共生效应的发生地也会有差别。碳中和技术的共生效应会在不同人群产生不一样的影响，这些差异与人群的经济因素、年龄结构和性别都有关系。例如，碳中和技术可能带来的能源、粮食价格上升，会使得低收入人群面临更大的风险，而能源结构转变减少空气污染的健康影响会对年龄更大的人口和男性群体产生更大的益处（Lu et al.，2022）。此外，需求侧的参与可以部分替代供给侧的减排技术，比如共享经济、远程办公、数字赋能等新兴的技术和生活方式将改变共生效应的人群地区分布模式（Creutzig et al.，2022）。目前有研究综述应对气候行动对其他可持续发展目标的影响，其中对碳中和技术发展带来的经济成本分析、室外空气污染的健康协同效益的研究最为丰富，而对水资源压力、粮食安全风险及生态安全风险的定量研究也呈现增加趋势（Berrang-Ford et al.，2021；Bertram et al.，2018）。

2）问题和差距

（1）缺乏不同碳中和技术多维度共生效应的全面认识。尽管少数研究定量揭示了部分碳中和技术的某方面共生效应，但是缺乏对所有碳中和技术的全面评估和对多个维度共生效应的定量认识，更不用说级联式的影响评估和对关键节点的判断。第一，对所有碳中和技术的全面评估不足，目前对可再生和生物质能的使用评估较多，但对 CCS 等新兴技术的共生效应评估较少。第二，对多个维度共生效应的定量认识不足，目前对碳中和技术带来的经济成本、室外空气污染的健康协同效益的研究最为丰富，对如水资源压力、粮食安全风险也有个别定量研究案例，但缺乏对金融风险、能源安全和生态系统风险等共生效应的评估，尤其是对资源安全和人群健康影响等长链条级联式的影响刻画不足，这些影响往往由其他共生效应引发，比如能源安全或粮食安全可能会带来人群健康问题，经济系统的发展和资源安全密切相关。第三，缺乏对这些共生效应进行关键节点及其不确定性的识别和判断，比如能源系统转型的临界点、粮食安全和资源安全的红线、人群健康影响的阈值等，这些有待进一步的研究。

（2）缺乏对高时空精度和人群差异的碳中和技术共生效应的精细认识。目前只有极个别的研究可以在高时空分辨率上揭示碳中和技术的共生效应（Jenkins et al.，2021），绝大多数研究在时间和空间聚合的尺度上（年；国家级或省级）探讨共生效应，这将忽视共生效应的空间分配效应，难以支撑碳中和路线图的制定。除此之外，共生效应作用于不同人群及其作用机制也需要研究详细回答，以便更好地识别脆弱人群并加以防范干预，注意不公平性议题。更进一步，目前高空间精度的数据和模型工具之间的对接存在一定的问题，高空间精度数据可能无法直接支撑碳中和路径设计及其共生效应的评估，往往需要额外的降尺度模块来连接，这些精细认识的不足都需要精细数据和新模型来回答。

（3）缺乏对不同维度的风险和效益的比较，以及在不确定权重下全面、客观决策的认识。目前很多研究都讨论了碳中和技术的共生效应，但仅有少数研究可以综合多个维度的效应进行比较，并给出综合的政策建议。目前大部分研究比较了碳中和的经济成本和空气污染相关的人群健康效益，并指出部分国家能够获得净收益。有研究比较可再生能源和负排放技术两种发展路径并指出可再生能源路径虽然成本更高但健康效益也更大（Zhang et al.，2019），还有研究综合了水、空气污染和碳减排多个维度来评估高碳基础设施的影响（Peng et al.，2018）。尽管如此，目前如何实现不同维度共生效应的可比性，并给出明确量化的净效益或净成本仍是一个难题。落到实地部署碳中和技术时，不同维度的共生效应存在权衡和冲突，如何分配权重或者讨论某个维度作为核心优化[比如融入健康的气候策略（Vandyck et al.，2021）]仍是需要讨论的重点问题。除了多维共生效应的优化，还要注意时空和人群分布差异，在综合决策中体现效率和公平。而这些多个维度的比较和权衡下的不确定性情景范围（情景簇）也需要被识别出来以提供综合决策支持。总体来说，这些系统认识的薄弱性需要进一步的多标准评价和情景组合分析来填补。

3）研究建议

（1）加强碳中和技术及其共生效应的基础数据收集、管理和共享。数据缺失制约着共生效应的进一步落地，难以揭示高时空精度的影响差异。为应对数据的缺失问题，应当开展深入行业的碳中和技术细节参数和数据的收集，尤其是需要填补一些新技术和新影响维度的数据空缺。加强高空间精度的影响评估类基础数据（如气象、环境、土地利用等）的存储管理，以及构建数据共享平台，提升数据驱动能力，使决策者、研究人员和社会公众都能方便、快捷地掌握一些碳中和技术在具体地方部署的影响。

（2）重点推进模型开发工作，加强跨学科合作交流。针对多维度共生效应认识的缺失，特别是一些未曾被定量评估的技术和长链条跨系统的共生效应，应突破方法学的空白，开发评估模型和框架，揭示其影响机制。提高模型的时间和空间分辨率，对个别部门的刻画目前可以细化到小时尺度，可以增强对高精度共生效应的认识，但绝大多数模型仍然需要进一步的开发或降尺度。不同系统的模型、不同尺度的模型和数据之间的连接与反馈仍然是亟须解决的关键难题，应当加强跨学科交流与国际合作，促进模型比较和耦合。

（3）权衡不同维度的共生效应，因地制宜、全国一盘棋地制定高效且公平的碳中和路径。针对多个维度的共生效应，应当从系统角度识别效应之间的关系，并进行可比性讨论。共生效应之间的轻重缓急需要明确，比如确保耕地红线、生态红线；优先考虑经济发展、保障产业安全等，在此基础上最大化环境和健康效益并考虑公平性。需要根据多维影响的不同权重、不同核心需求，对未来情景进行不确定性识别并指导未来路径的设计。对不同地区的多维共生效应，在充分考虑到地区差异性和互补的基础上，兼顾效率和公平在全国一盘棋下设计碳中和路径。

6.2.3 资金

1. 多措并举促使投融资体系支持碳中和转型[①]

投融资是气候行动的关键支柱，对于全球实现深度减排与增强气候韧性意义重大。例如，面向碳中和的减缓行动需要大规模部署零碳技术和低排放基础

---

① 观点文章：《多措并举促使投融资体系支持碳中和转型》，作者为谢璨阳。

设施，适应行动则需要增强灾害预警能力和防灾减灾能力，此外还需要采取措施减少社会影响、确保公正转型，这些活动都需要投融资体系给予充分支持。

全球气候融资需求巨大，差距明显。根据联合国政府间气候变化专门委员会第六次评估报告，为实现《巴黎协定》的 2℃/1.5℃目标，到 2030 年全球的减缓资金年度规模将上升至 2.4 万亿~4.8 万亿美元，是 2022 年减缓资金规模的 3~6 倍，其中发展中国家面临的资金缺口更加明显（IPCC，2022a）。联合国环境规划署指出，到 2050 年，全球的适应成本将上升至 2800 亿~5000 亿美元，是 2022 年适应资金规模的 6~11 倍（Buchner et al.，2021；UNEP，2016）。聚焦于中国的"双碳"气候目标，有研究测算，中国要实现 2℃目标和 1.5℃目标导向的深度脱碳，未来 30 年能源系统脱碳的投资需求为 99 万亿~138 万亿元，占同期累计 GDP 的 2%~2.5%（项目综合报告编写组，2020）。若进一步考虑工业、交通、建筑等部门，未来 30 年的总投资需求将高达 487 万亿元（中国金融学会绿色金融专业委员会课题组，2021），折合每年约 16 万亿元。

面对"从千亿到万亿"的挑战，全球投融资体系需要进行根本转变，以全面支持气候行动。《巴黎协定》第 2.1（c）条要求"资金流动符合温室气体低排放与气候适应性发展的路径"，表明了全球投融资体系改革支持碳中和转型的需求。它不仅要求全球大幅增加对符合《巴黎协定》目标的减缓与适应活动的投资，还要求减少对不符合《巴黎协定》目标的化石能源的投资。尽管全球的气候融资缺口巨大，但对当前进展的评估表明，并非因缺乏资金而存在缺口，而是大量资金仍在支持不符合《巴黎协定》的活动。

那么，当前全球投融资体系实现根本转变的挑战有哪些？图 6-7 表明风险认知、政策环境、融资机制、国际合作四方面的差距阻碍了资金流动符合《巴黎协定》目标。风险认知上，众多公共和私营部门投资者对气候风险的认知不足，没有意识到为高碳活动提供投融资将对自身运营和金融体系造成风险。政策环境上，当前全球气候政策信号不清晰，扶持环境不健全，既缺乏对高碳投融资行为的负面激励，又缺乏鼓励气候投融资的正面激励。融资机制上，当前融资机制和工具不足以调动大规模气候投融资，投资者没有足够的标准、工具和平台进行投融资。国际合作上，发展中国家的气候投融资风险和融资成本较高，发达国家和国际金融机构未能建立有效的国际合作机制，帮助发展中国家获得大规模、低成本的融资以应对气候变化。

国际合作

气候谈判框架内	气候谈判框架外
敦促发达国家落实1000亿美元承诺 发达国家提出更具雄心的资金目标	国际金融机构大幅改革 落实各类可持续金融合作倡议

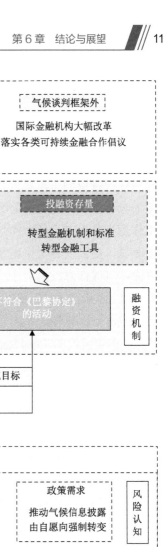

投融资增量
建立和完善气候投融资活动
标准和分类目录
创新融资模式和金融产品
创造新的商业模式

投融资挑战
AFOLU
适应活动

投融资存量
转型金融机制和标准
转型金融工具

融资机制

符合《巴黎协定》
的活动

不符合《巴黎协定》
的活动

融资机制

《巴黎协定》第2.1（c）条资金流目标

资金

风险认知

研究需求
完善风险分析研究
各方开展风险评估

气候相关金融风险管理

公共部门

私营部门

政策需求
推动气候信息披露
由自愿向强制转变

风险认知

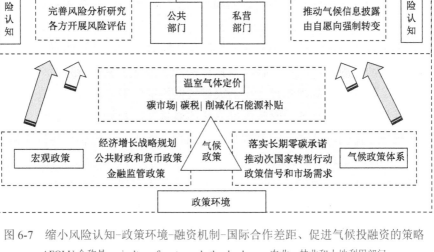

温室气体定价
碳市场 | 碳税 | 削减化石能源补贴

宏观政策

经济增长战略规划
公共财政和货币政策
金融监管政策

气候政策

落实长期零碳承诺
推动次国家转型行动
政策信号和市场需求

气候政策体系

政策环境

图 6-7　缩小风险认知-政策环境-融资机制-国际合作差距、促进气候投融资的策略

AFOLU 全称是 agriculture, forestry and other land use，农业、林业和土地利用部门

促使投融资体系全面转型支持碳中和行动，需要针对上述四方面挑战采取综合措施，为实现《巴黎协定》目标调动充足的投融资支持。

第一，加强风险管理，转变投资决策。气候风险和气候投融资具有明显的长期性特征，恰好与短期主义特征明显的传统投资决策存在时间尺度的错配，使得气候投融资的主流化进程受阻。在研究方面，需继续加强对气候相关金融风险的分析工作，完善风险分析方法、情景和数据。开展气候相关金融风险分析工作应当是多方责任，不仅需要各国央行和金融监管部门牵头进行气候风险压力测试，更需要各类金融机构自主展开投资组合的气候风险敞口评估。在政策方面，气候信息披露对于央行、监管部门、投资者及企业管理气候风险具有重要意义，而从自愿披露到强制披露已成为国际趋势。目前，国际上已有 TCFD、可持续发展会计准则委员会（Sustainability Accounting Standards Board，SASB）、全球报告倡议组织（Global Reporting Initiative，GRI）、全球环境信息研究中心[①]等机构出台的自愿信息披露指引；多国（地区）也计划加大力度开展气候信息披露，如新西兰、英国已率先宣布实施气候信息强制披露政策，欧盟、日本和澳大利亚等经济体鼓励企业以 TCFD 为框架开展气候信息披露，中国人民银行已宣布计划实施气候相关信息的强制披露，督促中国国内主要的商业银行披露碳信息，随后督促国内上市公司的相关披露活动。

第二，完善政策体系，加强政策信号。气候投融资活动由于其资金投入密集、缺乏市场、交易成本较高、金融部门的信息和能力限制等因素，投资风险总体较高。在全球宏观经济下行的背景下，若无强力、可信和持续的政策信号，以短期主义、风险厌恶和逐利为主要特征的传统金融部门缺乏激励主动开展气候投融资活动。因此，一是应将气候目标纳入经济增长战略规划、公共财政和货币政策，以及金融监管政策之中，突破气候投融资的宏观瓶颈。在前几年新冠疫情反复冲击经济、各国财政状况恶化的背景下，若能成功地将气候目标在宏观政策中主流化，疫情后的财政刺激计划有可能成为气候和可持续金融的转折点，在全球层面实现低碳绿色、经济有效性和社会公平性之间的平衡（Zhang et al.，2022）。二是继续完善和落实气候政策体系，将各国的长期碳中和与净零排放承诺转化为清晰的路线图和实施方案，推动各行业、各地方、各主体采取措施进行零碳转型，为气候投融资创造更清晰、可信和持续的政策信号与市

---

① 前身为碳披露项目（Carbon Disclosure Project，CDP）。

场需求，支持高比例可再生能源主导的能源系统、零碳工业、零碳交通、零碳建筑、循环经济、气候智慧型农业、基于自然的解决方案、蓝色经济等领域的发展。三是加强对温室气体排放负外部性的定价政策，通过碳税和碳市场定价政策，降低化石燃料的经济竞争力，为高排放企业及对其提供投融资的机构提供转型激励，并引导投资者进行内部碳定价，促使投资决策转变。此外，应在财税政策上进一步削减对化石能源的补贴，以完善碳定价机制，使化石能源的价格真实反映其环境和气候负外部性。

第三，创新融资模式，加强机制建设。即使投资者对气候风险和气候投融资机遇有了全面认知，整体气候政策环境利好气候投融资，也仍需要适当的融资模式和机制来打通气候投融资的"最后一公里"，让资金通过适当的方式支持气候行动。从投融资增量上看，未来需要通过创新模式和工具调动更多气候资金。一是建立和完善气候投融资活动标准和分类目录，多边开发银行、气候债券倡议组织等国际机构已有气候融资相关标准；中国和欧盟在可持续金融国际平台下发布了《可持续金融共同分类目录》，其中包含了72项中欧分类目录共同认可的减缓活动，未来可探索各国和国际机构气候融资分类目录标准的互认和统一。二是创新融资模式和金融产品，除传统绿色金融工具外，需进一步关注蓝色债券、债务自然/气候互换机制、基于碳市场的碳期货和碳期权等碳金融产品、气候风险分担和灾害风险融资机制等新兴融资机制。三是创造新的商业模式，识别和开发气候投融资项目的市场机会，如能源部门的"能源即服务"和点对点电力交易，以及交通部门的"交通即服务"等新兴商业模式。从投融资存量上看，亟须建立转型金融机制体系和相关标准。绿色金融支持的是可再生能源、电动车等"纯绿"或"接近纯绿"的活动，而煤电、重工业、老旧建筑等"棕色资产"的低碳转型达不到绿色金融的项目标准。在此背景下，转型金融为无法得到绿色金融支持的"棕色资产"提供融资，支持其低碳转型。尽管转型金融框架仍在制定中，但已有以可持续挂钩贷款、可持续挂钩债券为代表的转型金融产品为转型活动提供支持的实践案例。此外，全球需要应对一些关键融资领域的挑战，如应对气候变化的适应活动以及农业、林业和土地利用部门，尽管其气候和社会效益显著，但都面临着投资回报期长、缺乏市场、政策干预程度高等问题，不利于私营部门资金的进入，因此需要公共部门通过技术援助、赠款等形式提供早期资金，帮助可投资项目的开发并承担项目早期较高的风险，或以混合融资或公私伙伴关系等方式撬动私营部门资金进入。

第四，加强国际合作，引领全球转型。当前，发展中国家面临着比发达国家更大的气候融资缺口，但受制于政策环境不完善、信用评级相对较低等因素，发展中国家难以获得国际资本市场的低成本融资。当前最紧迫的需求是敦促发达国家以可测量、可报告与可核证的方式落实气候谈判中未完成的 1000 亿美元资金承诺，并且提出具有雄心的、平衡减缓和适应需求的新资金目标，以响应发展中国家特别是最不发达国家和小岛屿国家在资金问题上的诉求。同时，以多边开发银行、国际货币基金组织为主的国际金融机构应进行大幅改革，在显著增加气候融资规模的同时，采用更多元化的融资工具，通过更广泛的合作伙伴关系，调动发达国家和国际资本市场的资金支持发展中国家气候行动。此外，应切实落实各类可持续金融合作倡议，促使全球金融部门支持碳中和转型。例如，通过央行与监管机构绿色金融网络和 G20 可持续金融工作组加强国家层面可持续金融政策协调与合作，通过 TCFD、UN PRI、GFANZ 等合作倡议调动全球私营部门和企业支持气候投融资。

2. 全球碳中和转型亟待更多的气候投融资[①]

气候投融资是全球碳中和转型的重要支柱。实现碳中和要求全球经济发展模式、能源生产和消费体系进行根本性变革，其中能源系统低碳零碳负碳技术的创新和大规模部署是逐步摆脱对化石能源依赖、减少温室气体排放的关键抓手。实现碳中和还意味着实现人与自然和谐共生的愿景，为此需要全面保护和恢复自然生态系统，增加陆地和海洋碳汇。以上领域的行动均需要大量资金投入，因此气候投融资进展成为衡量碳中和行动进展的关键指标，而能否为气候行动调动足够的投融资支持决定碳中和转型能否成功。

1）全球气候投融资规模持续上升，但需求和缺口仍然巨大

全球应对气候变化进程已有数十年历史，资金支持气候行动的力度不断加大。根据 UNFCCC 资金常设委员会和气候政策倡议组织的统计，近年来全球气候投融资规模总体呈上升趋势，2020 年达到 6650 亿~8170 亿美元（Naran et al.，2022；UNFCCC Standing Committee on Finance，2022），其中公共部门和私营部门提供的资金大致相当。然而，气候资金在使用领域、融资工具和流向地区

---

① 观点文章：《全球碳中和转型亟待更多的气候投融资》，作者为谢璨阳。

方面的分布极不均衡。以气候政策倡议组织的数据为例，在使用领域上，超过
90%的资金用于减缓相关活动，仅有 7.5%的资金专门支持适应活动；在融资工
具上，超过 60%的资金以债务工具提供，仅有不到 14%的资金具有优惠性（即
以赠款或低于市场利率的债务等方式融资）；在流向地区上，除东亚和太平洋
地区、西欧、美国和加拿大之外的地区，仅获得了不到 1/4 的气候资金（Buchner
et al.，2021）。

　　尽管当前全球气候投融资规模已达到数千亿美元，但距离实现《巴黎协定》
目标所需水平还存在数量级的差距。根据联合国政府间气候变化专门委员会的
评估，为实现《巴黎协定》的 2℃/1.5℃目标，全球在电力供应、能源效率、交
通、农林业和土地利用等部门的年均减缓投资需求达 2.3 万亿~4.5 万亿美元
（IPCC，2022a）。对比当前的全球气候资金规模，发达国家和发展中国家的减
缓资金需求分别达到了 2017~2020 年平均 GDP（按照 2015 年美元不变价计算）
的 2%~4%和 4%~9%，气候资金规模须增长至各自当前水平的 3~5 倍和 4~7 倍
（IPCC，2022a）。另外，化石能源的投资水平依旧高企，2021 年全球未加装
CCS 技术的化石能源投资规模近 9000 亿美元，远高于国际能源署给出的 2050
年全球净零排放情景下化石能源投资需求（IEA，2022）。

　　2）各国逐步深化气候投融资政策与行动，转型势能不断积累

　　全球碳中和转型已成必然，各国已经认识到投融资在支持气候行动中的重
要角色，不断完善气候投融资支持政策，加强气候投融资行动，为碳中和转型
积累势能。

　　各国加速建立支持气候投融资发展的政策体系，包括 ESG 管理、气候行动
纳入财政预算、评估和披露气候相关金融风险、实施碳定价等政策，对于激励
气候投融资、为投资者提供低碳转型投资的清晰政策信号至关重要。经济实力
更强、金融市场更完善的发达国家在政策总体进展上保持领先，一些发展中国
家在细分领域也有亮眼进展。例如，欧洲发达国家在企业和投资者 ESG 管理与
整合、气候相关金融风险的评估与披露、碳定价机制等领域均全球领先；中国
出台了一系列支持绿色金融发展的政策与市场标准，并且积极推进气候投融资
项目库和试点建设；不丹、菲律宾等气候脆弱性较高的发展中国家重视财政预
算中气候行动的主流化，相关预算占国家财政预算的比例高于大多数国家。然
而气候投融资支持政策体系有待完善（图 6-8），两类国际承诺（指各国在 NDC
和 LT-LEDS 提及气候融资的情况）和四类政策进展（指可持续金融政策、气

候相关金融风险评估和披露、气候行动财政预算和碳定价机制）尚未完全覆盖全球所有国家。巨大的气候投融资缺口以及高企的化石能源投资水平可以反映出，当前在气候投融资政策体系上的进展尚未对金融部门形成清晰可信的政策信号与合规要求，投融资尚未系统性支持与《巴黎协定》目标一致的减缓和适应活动。

各国也在加速绿色投资以支持碳中和转型。支持绿色低碳转型的资金规模不断增长，全球可持续金融市场蓬勃发展。例如，全球绿色债券市场规模不断扩张，在 2021 年首次突破了 5000 亿美元大关，达到了绿色债券市场有史以来的最高值，其中美国、中国、德国、英国等国绿色债券发行量排名全球前列（Climate Bonds Initiative，2023a）；全球可持续发展挂钩债券发行规模在 2021年迎来井喷式增长，首次突破 1000 亿美元，意大利、法国、美国等发达国家的发行规模领先，中国、巴西等发展中国家也表现亮眼（Climate Bonds Initiative，2023b）；全球清洁能源投资在 2022 年再创历史新高，投资规模超过 1.6 万亿美元，对可再生能源电力、电动汽车、电网的投资持续增加，中国、欧盟和美国是清洁能源投资的领导者（IEA，2023）。

以环状图（图 6-8）描述各类政策进展覆盖国家的数量及对应国家 GDP、人口和 CO_2 排放量占全球总量的比例。蓝色代表一国在某类政策上有所进展（做出相关承诺或出台政策），反之用灰色表示。

3）气候投融资国际合作进展出现分化，发展中国家转型面临更大挑战

各国自主开展气候投融资的行动程度和效果差异显著，而国际合作对于支持发展中国家气候投融资、降低全球整体碳中和转型成本具有重要意义。

近年来气候投融资国际合作进展迅速，全球在国际标准制定和国际合作倡议上取得突破。在国际标准上，气候投融资标准不断完善，2021 年多边开发银行和国际开发性金融俱乐部联合发布《气候减缓融资追踪共同原则》（Common Principles for Climate Mitigation Finance Tracking），2022 年中国和欧盟牵头发布《可持续金融共同分类目录》，2023 年气候债券倡议组织和联合国减少灾害风险办公室共同发布了《气候韧性分类框架》白皮书；转型金融标准制定持续推进，2022 年二十国集团领导人峰会批准了《G20 转型金融框架》，首次就发展转型金融达成国际共识，欧盟、日本等已发布转型金融标准或指引，中国也在研究制定行业转型金融标准；气候相关财务信息披露标准开始整合，2023 年

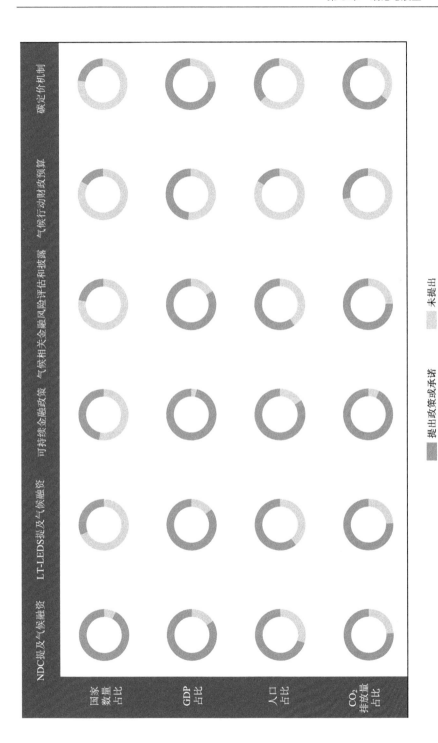

图 6-8　各类气候投融资政策进展覆盖国家数量、GDP、人口、CO_2 排放量占比

国际可持续发展准则理事会发布两份国际财务报告可持续披露准则，明确适用企业进行可持续发展和气候相关信息披露的要求，这两份准则对可持续发展会计准则委员会基金会、气候变化信息披露标准委员会、全球报告倡议组织等组织发布的 ESG 信息披露标准具有较强的包容性。

在国际合作倡议上，国际上已发起数个推动气候金融合作的伙伴关系。2021年 GFANZ 成立，致力于帮助金融机构实现 2050 年投融资活动净零排放的目标。GFANZ 目前已有超过 550 家金融机构加入，管理资产总规模超过 150 万亿美元。截至目前，GFANZ 已经发布多份关于金融机构净零排放转型规划、实体经济转型规划、金融支持亚太地区煤电有序提前退役的指南。2021 年，欧盟、德国、法国、英国宣布与南非建立"公正能源转型伙伴关系"（just energy transition partnership，JETP），本质是一项能源转型的投融资计划。2022 年，印度尼西亚也加入了 JETP，与越南的谈判也在进行中。

然而不可忽视的是，气候投融资国际合作面临诸多挑战。首先，气候投融资国际合作的主要进展是由发达国家推动的，发展中国家难以发挥领导性作用。例如，GFANZ 目前的成员机构中，仅有约 10% 来自发展中国家，成员机构数量在 10 个及以上的国家共有 14 个，全部为发达国家，其中英国和美国的成员机构数量最多。其次，发展中国家自身的气候融资面临巨大困境。在气候公约框架下，发达国家至今仍未落实早在 2009 年提出的到 2020 年每年为发展中国家调动 1000 亿美元资金的承诺，影响了气候谈判中的南北政治互信。在更广泛的气候融资问题上，发展中国家经济和金融实力有限，政策完整度和体制能力有待提升，这导致金融投资部门认为发展中国家投资风险较高，反映在发达国家和发展中国家差异巨大的融资成本上。根据多个国际组织的评估，发展中国家当前的市场融资成本是发达国家的 8 倍左右。这加剧了发展中国家的债务压力，2022 年有近 40% 的发展中国家（52 个）面临严重的债务危机，其中包括超过一半的最不发达国家和 16 个小岛屿国家（United Nations，2023）。在全球经济放缓、气候危机愈发明显的背景下，发展中国家急需互惠共赢的国际合作，以解决气候融资问题，获得减缓和适应气候变化、处理损失和损害以及实现公正转型的充足资金支持。

3. 绿色增长：碳中和转型能否促进中国的经济发展？①

推动新能源发展、实现碳中和转型是否能够促进国家经济发展、增进人民福祉、满足每个人对美好生活的向往，可以从哪些视角来观察？实现碳中和目标是一场广泛而深刻的历史性变革，变革中机遇与挑战并存，我们既看到了光伏、电动汽车等产业的迅猛发展和巨大机遇，又看到了电荒等巨大风险，建立一套全面认识碳中和转型如何影响经济发展的方法论，有助于在变革中把握航向。

1）应对气候变化的全球认识

截至目前，科学界愈发明确，人类活动毋庸置疑地导致了气候变化，使得全球平均气温已经上升了 1.1℃，以二氧化碳为主的温室气体排放贡献最为显著。如果不加以应对，气候变化会带来海平面上升、极端天气事件增加，对人类经济活动、人群健康和生态环境都会产生日益严峻的破坏，产生对经济系统的物理风险（IPCC，2022b）。与之对应，大多数学者认为，如若减缓气候变化，各个行业的生产成本将因化石能源的管控而增长，从而降低居民的实际购买力并放缓经济增长速度。对气候变化的物理损害和经济成本的权衡成为一个关键的政策问题。早在 1992 年，2018 年诺贝尔经济学奖得主威廉·诺德豪斯就为上述两个成本的权衡建立了一个综合评估气候变化影响的经济模型——气候与经济动态综合（dynamic integrated climate-economy，DICE）模型，并通过模拟指出，人类的确需要合作共同减少温室气体的排放，以将全球平均温升控制在合意水平（Nordhaus，1992）。

没有任何人会对长达百年的战略决策提供有信心的估计，对合意水平的温升往往会从经济评价演变为政治决策，如果决策者看重未来可能小概率但灾难性损失的气候变化损害、代际间的公平以及更乐观的转型预期，那么实现严格的全球平均温升控制就是有效率的。凝聚全球共识的《巴黎协定》规定了 2℃乃至 1.5℃的全球平均温升控制目标，并为各个国家确定了 NDC 机制以推动应对气候变化的集体行动。

NDC 机制意味着国家自主性，为何中国愿意主动提出"双碳"目标？目标的提出既彰显出中国在全球气候变化治理领域的领导力和负责任大国形象，又

---

① 观点文章：《绿色增长：碳中和转型能否促进中国的经济发展？》，作者为安康欣。

是实现中国经济绿色、高质量发展和生态文明建设的重要组成部分。碳中和转型可能在很大程度上促进经济发展，并重塑经济发展的格局。

2）对宏观经济增长的理论认识

对宏观经济增长的认识是以索洛模型为出发点的，规定了外生的劳动力、资本和技术进步推动了经济增长，一个连续的总生产函数作为对各类驱动因素的表征，并生成了一条平衡增长的路径（Solow，1957）。罗默的内生增长理论更进一步，将技术进步用知识积累的方式内生化，以强调研发投资与知识创新的作用（Romer，1990）。这些模型启发我们要注重对经济增长源泉，尤其是技术进步的认识，然而，碳中和转型意味着技术变革，使得生产函数发生结构性的变化，而这种结构性的变化是无法用连续的总生产函数所捕捉和解释的，这就需要我们寻找到一个更具解释力的理论支撑。

熊彼特的经济发展理论提供了一个启发性的解释途径。在一个不具创新和变化的经济中，经济系统的每个主体都会按照以往的经验、信息来确定行为，生产过程周而复始，产生静态、循环流转的经济状态。创新则是打破循环流转状态的最大驱动力，在熊彼特看来，创新不是一种边际改进，使得生产函数发生边际的调整，而是创造生产资料的全新组合（即新的生产函数）并引入生产体系，创新包含着新产品的生产、新生产模式的采用、新的原材料或半成品供应源、新的工业组织形式等。此时，新组合将通过竞争对旧组合加以消灭，通过"创造性破坏"实现经济发展（Schumpeter and Backhaus，2003）。我们看到了对于碳中和转型的经济阐释，通过为新组合建立新生产函数，替代掉原有旧组合的生产函数，实现生产函数的结构性变化，以解释转型的宏观经济效应。

3）碳中和转型如何促进中国的经济发展？

碳中和转型中是否存在着"创造性破坏"呢？新能源产业超乎预期的创新和对传统产业的竞争，已经成为中国经济的重要现象，在这种观察下，我们可以将碳中和转型对经济增长的作用分为三大类：一是低碳和高碳产业的此消彼长，即低碳产业的创造与高碳产业的破坏，同时创造大量信贷需求促进经济增长；二是国内国际产业链的格局重塑，即上下游产业链、区域发展和国际贸易格局的变化；三是新应用场景的出现，带来更广泛的经济效益溢出。

（1）低碳产业的创造。全球碳中和的普遍预期和国家行动方案为低碳产业创造出巨量的潜在需求，补贴、碳市场等政策也提供了直接的经济激励和积极的预期，激励着低碳产业的快速创新。从处于"培养皿"中的创新理念到成熟的商业化应用有着很长的路要走，而一旦突破技术创新的"峡谷"，将会在社会中爆发式增长。低碳产业创造出大量有利可图的新投资需求、全产业链上的就业岗位，从而促进了经济增长。

（2）高碳产业的破坏。低碳产业的"创造性破坏"意味着对于旧产业的颠覆，高碳产业的颠覆速度也可能会受到政策和制度的影响，如能耗总量和强度双控制度、碳中和目标约束可能会更快促使对高碳产业的替代和淘汰。可再生能源替代化石能源、新能源汽车替代燃油汽车等，将不得不使传统的能源企业和车企寻求转型乃至破产。高碳产业的破坏可能会使得大量已有投资资产搁浅，并导致大量的失业，这种阵痛毋庸置疑会阻碍经济增长，并在加速转型期产生越来越显著的社会和金融风险，因此需要推动公正转型来平滑潜在的失业和劳动力错配的问题。

（3）信贷需求的创造。中国经济体量持续增加，但近年来的投资回报率持续降低，缺乏好的投资标的。实现碳中和目标需要百万亿元的新增投资，而在低碳产业技术成本愈发低廉、投资竞争力愈发增强的今天，有理由相信新能源产业发展能够掀起一轮投资浪潮，实现对于现有能源体系的革新，创造出大量需求。新能源产业投资能够在一定程度上弥补已有基础设施建设投资收缩的亏空，缓解经济下行的压力。

（4）上下游产业链的变化。低碳产业对高碳产业的破坏性，不仅体现在产业自身，也体现在产业的上下游。对于上游而言，化石能源开采的需求将会持续萎缩，而关键矿产资源开采的需求则会日益增长，这意味着经济利益的再分配，也可能存在资源供给不足的风险。对于下游而言，低碳技术能否相比于高碳技术花费更低的投入成本？新能源技术成本的快速下降已经降低了一些产业的用能成本，并随着技术创新产生更大的机会与潜力。

（5）区域协调发展的潜力。中国疆土辽阔，自然资源在不同区域间呈现不均衡分配的特点。在碳中和转型的过程中，风、光、水、土地和关键矿产等资源的需求量将会持续攀升，而区域的资源差异十分显著，从而能够为资源密集型的地区提供更大的机遇。例如，西北区域风电和光伏潜力巨大，能够作为新能源的集中生产基地之一，用可再生能源产业促进当地的经济增长，同时弥补潜在的煤炭产业的收缩。更进一步，可再生能源电力资源的区域差异将使得东西部的能源成本差异持续拉大，推动西部产业竞争力的提高，并带来一些工业产业从东向西的自发转移，这将助力更均衡、更有效的区域增长模式，促进区域的协调发展。

（6）国际贸易格局的变化。中国地大物博但人均资源量少，油气、化石能源显著依赖于进口，这既推高了中国的能源成本，也不利于中国的能源安全。从能源进口的视角上看，碳中和转型从两个渠道有助于促进经济增长和保障能源安全，一是中国大力发展的低廉、自主可控的替代能源能够在很大程度上替代掉高昂的进口能源，二是全球碳排放削减的努力大大降低了对于油气的需求，从而在很大程度上削弱石油输出国组织等卡特尔的定价权，降低中国进口能源的价格，能源进口格局将会随着碳中和转型的加速演进而不断发生更有利的变化。另外，低碳产业的迅猛发展大大提升了出口竞争力，光伏产能和出口规模已经常年占据全球第一，新能源汽车也正大力拓展海外市场，逐渐压缩传统合资品牌或进口品牌的空间。碳中和转型能够推动中国国际贸易格局的优化，减轻进口依赖的同时增强出口潜力，并创造着额外的最终需求和经济增量。

（7）新应用场景的出现。人工智能和绿色低碳是经济社会发展的两条主线，有趣的是，二者具有千丝万缕的联系。"新能源汽车的上半场是电动化，下半场是智能化"，实际上，人工智能应用场景的硬件是电子设备，能源载体则是电，与实现碳中和所需的高比例可再生能源和电气化目标不谋而合。相比于传统的化石能源以及相应的产业，新能源产业与人工智能有着更多共享的知识体系、更契合的新型应用场景、更具想象力的发展空间，而这提高了新的需求出现的概率。

总而言之，"创造性破坏"意味着风险和收益的并存，而猛烈的技术创新表明，即使风险存在，迈向碳中和的系统转型也有机会促进中国经济增长、促进区域协调发展、提升国际竞争能力，这需要有效的政策和制度支撑、对机遇的把握和对风险的防范。

6.2.4　国际合作

1. 全球碳中和进程中的公正转型新视角[①]

做出碳中和承诺，践行零碳转型已成为全球趋势。根据 Net Zero Tracker 网站 2023 年 9 月的数据，超过 150 个国家已经提出了碳中和目标。碳中和转型不

---

① 观点文章：《全球碳中和进程中的公正转型新视角》，作者为张诗卉。

仅将深刻改变当地和全球的技术创新、产业结构和经济模式，还将重塑全球贸易、区域发展和产业分布格局。更重要的是，可能会改变经济收入、社会福祉和环境质量等关键要素在社会中的分布，进而影响到社会公平。因此，在这场广泛的社会变革中保障公平，确保绿色发展惠及所有人，已成为一个至关重要的议题。为了应对绿色低碳转型中面临的社会公正挑战，学者提出了公正转型的概念，即"在绿色可持续经济转型的过程中确保公平和正义"。

1）早期的公正转型概念多聚焦于就业与收入方面的公平

根据国际劳工组织（International Labour Organization，ILO）的定义，公正转型涉及维持工人、企业和政府之间的社会对话，以协商和管理脱碳带来的变化。这包括确保为可能失业的工人提供社会保护和支持，促进性别平等，并通过技能发展创造新的就业机会。因此，与公正转型相关的讨论往往会聚焦到两个关键问题：产业格局变化带来的失业问题和新兴绿色低碳产业产生的就业机会。

一方面，碳中和转型需要逐步摆脱对化石燃料的依赖，这将导致大量高碳行业工作岗位的流失。以煤炭、石油和天然气为代表的高碳产业及其上下游的配套产业有大量从业者，如化石能源开采行业和化石能源发电厂的技术工人与工程师、煤炭运输的司机、石油设备的供应商、与高碳产业相关的培训从业人员等，他们的生计、家庭和社会认同都与这些产业紧密相连。伴随着这些产业的衰退，他们可能面临失业、经济困境、社会地位的丧失。尤其是某些资源依赖型地区，其就业结构高度单一，面临的失业挑战将更加集中和长期。根据国际能源署的统计，2019 年全球有 6500 万化石能源行业的从业者。因此，需要为这些从业者提供针对绿色工作的再培训与再教育，并提前在重点地区部署就业市场平衡规划，并通过收入补偿和其他项目来帮助失业者。

另一方面，低碳技术的大规模开发与应用将带来新的就业和收入增长机会。根据世界资源研究所（World Resources Institute，WRI）的估计，同样金额的投资在太阳能光伏产业能够产生的就业是化石燃料行业的 1.5 倍。同时，低碳技术的广泛利用也有可能使广大低收入和脆弱群体受益。例如，在农村地区部署分布式光伏不仅可以为农村地区的居民提供电力，还可以通过出售多余电力获得收入，从而实现低碳发展与减贫的双赢。有研究表明，农村分布式光伏项目在 2013~2016 年为当地居民带来了 7%~8% 的人均可支配收入的增长。

2）新的公正转型视角，关注多维度的福祉与包容性增长

从绿色低碳转型到零碳转型，转型力度变大，范围变广，时间尺度变长。因而，转型过程中对社会公平的影响也逐步从传统的就业和收入领域，扩大到经济、社会与环境的方方面面。因此，有必要在碳中和转型的背景下重新审视公正转型的内涵与外延，以期服务于碳中和转型期各国发展与全球气候治理的更多需求。新的公正转型视角呈现出以下三个突出特点。

一是维度更多，涵盖了环境可持续性、经济包容性、社会正义以及创造体面工作和优质就业机会等多个维度。例如，OECD 强调公正转型与多个可持续发展目标的联系，突出其在环境、经济和社会维度上的广泛相关性；世界经济论坛和清华大学合作策划的"公正转型"知识图谱中，将公正转型定义为"在我们向更可持续的实践转变的过程中，最大限度地减少对工人的影响，同时最大化对环境的益处"。这些定义和描述说明了公正转型的多面性，其目标不仅是解决气候变化问题，还要确保生态转型的利益和负担在社会中公平分担。传统的定义中经常忽视的一个公正转型维度，是气候不平等。气候变化的损害在全球的分布是极不均匀的，这种损害不成比例地影响着相对较为脆弱的发展中国家。而这些国家往往缺乏应对气候灾害的资源与能力，导致气候变化的挑战与现有的社会经济、环境质量和人群健康相关的不公平交织在一起，加剧不平等。例如，渔业和农业对气候变化的影响往往非常敏感，而这两个行业是很多发展中国家中低收入社区的主要收入来源，气候变化很有可能加剧这些人群的收入不稳定性，造成气候贫困问题，加剧不公。公正转型关注的劳保问题在气候变化加剧、极端气候事件日益增多的背景下也面临新的挑战：中低收入的户外工作者更容易由于极端天气（如高温）受到健康和收入的双重威胁。因此，遭受最大损害的同时对碳排放贡献较少的国家应当在国际气候治理中得到优先考虑。

二是兼顾过程与结果公平，强调实现气候目标的多种手段中也需要体现正义性。碳中和的转型需要碳中和目标与政策、零碳技术、气候投融资和国际合作的共同支撑。这些政策与行动的执行方式，也会深刻影响过程和结果的公平。在碳中和目标的设置上，各国的目标既会影响国际公平，即减排责任分担的公平性，也会影响其国内的公平，如产业和经济结构调整带来的收入分配问题等。而在目前各国提交的 NDC 中，有 37% 的国家并未提及公平。在支撑碳中和目标实现的政策设计上，公正转型也强调需要充分考虑不同人群，尤其是脆弱人群的需求，从生计保障、能源可及性、生活成本、收入公平、环境权益等角度保

证在碳中和转型的过程中，没有人掉队。相关的政策包括针对性碳定价、碳定价收益的二次分配、产业与区域协调政策等。在选择实现碳中和的技术路径中，需要优先考虑那些能够带来绿色就业、降低能源价格、提高能源可及性的技术。当前基于化石燃料的能源系统依赖于煤炭、石油和天然气等分布高度不均匀的资源，加剧了地区不平等。而太阳能和风能等可再生能源的分布具有全球广泛性，其成本的逐渐降低也使得人们有更好的机会获得负担得起的能源，而不受地理位置的限制。因此，采用以可再生能源为代表的零碳技术有助于帮助更多的人以低廉的价格获得清洁的能源。实现碳中和同时实现公平转型需要大量的投资。然而，目前的气候金融水平非常不均衡。气候政策倡议组织的数据显示，2019~2020 年全球平均年气候投资达到 6130 亿美元，但其中西欧、北美和东亚的主要经济体获得了约 3/4 的气候投资，而世界其他地区——包括迄今为止受气候变化影响最直接的非洲热点地区——则获得了不到 1/4 的投资。最后，当前零碳转型的政策、技术和资金优势都集中在发达国家，为了弥合国与国之间的不平等，亟须为发展中国家提供切实可行的资金、技术和能力建设方面的支持。

三是强调包容性增长，公正转型不是增长的约束，而是融入发展过程的增长驱动力。在进行经济和能源结构的转型时，必须确保转型过程中的社会公平和经济包容性，以避免创造新的不平等或加剧现有的社会裂痕。这不仅关乎经济效益，也关乎社会稳定和长期可持续发展。首先，公正转型的核心是确保在向低碳经济过渡的同时，为那些可能因转型而受到影响的群体提供足够的支持和机会。这包括投资于教育和培训，使工人能够适应新的就业机会，尤其是在可再生能源、能效提升、绿色建筑和其他低碳行业中。其次，包容性增长也意味着要通过各种手段来保护最脆弱群体免受经济转型的负面影响。这包括通过财政政策如税收优惠、直接补助等方式，支持低收入家庭和小型企业，以及通过公共投资来刺激经济增长和创造就业机会。最后，还需要强化社会保障系统，确保所有公民都能获得基本的医疗保健、教育和住房安全。

此外，包容性增长要求政府、企业和社会各界在制定和执行转型政策时采取透明和参与的方式。这意味着需要确保所有利益相关者，特别是那些受转型影响最大的社区，都能在决策过程中发声。通过提高社区的代表性和参与度，可以提升政策的接受度和效果，从而促使政策更加公平和有效。通过上述措施，包容性增长不仅可以作为一种道德的选择，更是一种经济的智慧。研究表明，那些社会更加公平、经济机会更加平等的国家，其经济增长更加稳定和持久。

因此，公正转型不应被视为经济增长的阻碍，而应被视为促进所有人共享繁荣成果的机会。

因此，全球碳中和转型并非仅仅关乎环境，它还涉及建设一个更加公正和包容的未来。只有当每个人都能从这场转型中获益，我们才能确保它的成功和可持续性，这需要各国和社会各界共同的努力和智慧。

2.　全球碳中和转型的国际合作机制[①]

气候变化已经成为全人类生存和发展所面临的现实、紧迫、严峻的挑战。根据 2021 年联合国政府间气候变化专门委员会第六次评估报告第一工作组报告的最新数据，人类活动导致温室气体排放在全球正以前所未有的速度增加。这一趋势导致了全球气温的迅速升高，并使得高温、干旱、暴雨和洪涝等极端气象事件频繁发生。这些气候变化影响深远，威胁着粮食供应、水资源可持续性、生态平衡和社会经济的稳定。为了应对这一全球性挑战，2015 年《联合国气候变化框架公约》缔约方大会通过了《巴黎协定》，为全球气候治理奠定了基石。该协定明确了全球应对气候变化的长期目标，即相较于工业革命前，将全球温度上升控制在低于 2℃，并努力实现 1.5℃之内的目标。为了实现这一目标，《巴黎协定》规定了全球温室气体排放的路径，同时提出了在 21 世纪下半叶实现温室气体人为排放源与吸收汇之间的平衡的雄心目标。这标志着全球社区正在积极努力强化温室气体排放的控制，并向碳中和目标迈进。

然而，要实现碳中和目标，仅仅依靠单一国家或地区的努力是远远不够的。碳中和需要同时兼顾自上而下的顶层设计和政策规划，以及自下而上的推进落实。它需要全球性的合作，加速转型创新，采取务实行动，同时涵盖各级地方政府、各行各业、各个企业、社会组织和个人的积极参与。

1）公约体系内外的国际基金、技术合作机制

截至 2023 年 9 月，已有 150 多个国家做出了碳中和承诺，这表明全球各方已经认识到碳中和的紧迫性。这些国家在实现碳中和目标的过程中，制定了针对性的政策和行动计划，并逐步将雄心承诺转化为实际的碳减排成效。然而，值得注意的是，尽管取得了一定的进展，但当前的碳中和雄心还不足以支撑实现 1.5℃目标所需的全球气温控制。这意味着国际社会需要更深入的合作和更具

[①] 观点文章：《全球碳中和转型的国际合作机制》，作者为张尚辰。

雄心的行动，以实现碳中和，并最终减轻气候变化对地球的影响。

推进碳中和进程中，国际合作是践行多边主义、彰显国家责任担当的主要渠道。《联合国气候变化框架公约》及《巴黎协定》是全球应对气候变化的法律框架。这些法律框架为国际合作提供了明确的法律基础和指导原则。在这些指导原则下诞生了一系列公约体系内外的国际基金、技术合作机制。

GFANZ 是一个旨在降低全球金融活动碳排放的国际金融组织联盟，其成员包括国际银行、保险公司、资产管理机构等金融实体。GFANZ 的使命是推动金融界采取行动，减少其自身的碳足迹，同时促进低碳和绿色投资。GFANZ 通过制定碳减排标准、提供气候数据分析和支持碳减排转型规划等方式，为金融行业的可持续发展作出贡献。

UN PRI 是一个由全球各地资产拥有者、资产管理者及服务提供商组成的国际投资者网络，其目标是促进投资者在投资决策中整合 ESG 因素，并提倡可持续投资。UN PRI 的成员通过签署六项原则承诺，致力于将 ESG 考虑纳入其投资决策流程中。UN PRI 在气候投融资数据分析、碳减排目标设定及支持金融机构实施可持续投资方面发挥了关键作用。

GEF 作为《联合国气候变化框架公约》下主要的资金流动渠道之一，负有向发展中国家注资以支持其气候行动的重要责任。在 GEF-8 中，29 个国家共计承诺注资 46.40 亿美元，同时同意将至少 80% 的资金用于与气候变化相关的项目。这些资金用于支持发展中国家实施减排和适应措施，包括推广清洁技术、改善气候监测和早期警报系统、促进可持续土地管理等。20 个负有出资义务的附件 2 国家共计承诺气候相关资金 36.3 亿美元。这些国家中，出资最多的包括德国、日本、美国、瑞典和英国等发达国家。然而，一些附件 2 国家，如希腊、冰岛和葡萄牙，未承诺对 GEF 注资，这引发了一些国际合作的挑战。

GCF 是一个专注于气候融资的国际机构，旨在支持发展中国家应对气候变化的努力。在 GCF-1 中，32 个国家承诺出资 98.66 亿美元，用于支持各种气候相关项目。这些资金将用于减排和适应措施，以帮助发展中国家应对气候变化的挑战。GCF 的承诺出资规模增长了 18.7%，表明国际社会对气候融资的重要性有了更深刻的认识。然而，一些附件 2 国家，如澳大利亚、希腊和美国，未承诺对 GCF 注资，这需要国际社会共同努力，以确保资金的充足和有效利用。

2）国际技术转移合作呈现特点

除了上述资金机制外，国际技术转移合作呈现出如下特点。

能源领域的关注：国际技术转移项目主要集中在能源领域，占 2015 年至今总国际技术转移项目数的 51.4%。可再生能源技术是一个热点领域，其中光伏发电技术、地热能利用和生物质利用等备受关注。然而，仍有 4.4%的项目专注于提升火力发电效率或应用天然气发电，这反映了传统能源仍然在一些地区发挥着关键作用。

"软性支持"的主导：技术转移项目中，提供项目管理和技能培训等"软性支持"占比最高，达到 52.2%。这些支持方式主要应用于能源项目，为技术的有效传递提供了关键支持。这种"软性支持"有助于确保接受技术转移的国家具备适当的技能和管理能力。

南南合作的增加：南南合作项目强调减缓和适应的协同作用，78.8%的南南合作项目为减缓与适应并重的项目。这些项目多发生在农业、水资源管理和卫生等技术门槛相对较低的领域。这反映出发展中国家之间在气候变化领域的合作增加，但也强调了发达国家在先进技术领域的支持依然至关重要。

3）贸易壁垒带来的阻碍

虽然在《联合国气候变化框架公约》及《巴黎协定》指导下面向碳中和的国际合作机制在这几年取得了进步和发展，但是碳中和相关技术的传统与新兴非传统贸易壁垒都带来了巨大阻碍。传统碳中和技术相关贸易壁垒包括了明确的限制对象，直接针对产品本身的限制政策，如关税政策、上游原料限制政策、产业保护补贴政策及双反调查等。这些政策可能会导致国际贸易中碳中和技术的受限和不公平竞争，同时也增加了技术转移的复杂性和成本，制约了碳中和目标的实现。另外，非传统碳中和技术相关贸易壁垒更加复杂。它们根据政策针对的对象可以分为四类。首先，一些国家通过控制上游供给来实现对产业链的控制，这可能导致全球供应链配置不合理，从而增加了新能源技术的成本。其次，审查产业链中的人权、环境因素，限制相关产品的进口，可能威胁到产业链的可持续性。再次，一些国家实行极具优惠和排外的产业政策，以打造本土产业链，这可能对国际技术合作产生不利影响。最后，还有一些国家对具有技术优势的国家实施技术出口的限制政策，这可能限制了新能源技术的国际传播和采用。最终非传统碳中和技术相关贸易壁垒导致的供应链不能在全球合理配置长期会造成全球新能源的成本增加，并拖延转型的时间，大幅推迟碳中和目标的达成，不利于全球气候目标实现。

3. 全球盘点为碳中和进程注入新动力[①]

2015 年《联合国气候变化框架公约》缔约方大会通过了《巴黎协定》，揭开了全球气候治理崭新的一页。全球盘点作为这一新体系中重要的制度环节，将对各国提升气候目标和行动力度起到重要作用。2023 年 12 月，在迪拜召开的巴黎协定第五次缔约方会议完成了首次全球盘点。此次盘点系统性评估过去的集体进展，并为未来应采取的气候行动提供信息参考，这将为全球碳中和进程注入新的动力。

1）全球盘点的内涵与意义

《巴黎协定》吸取了《京都议定书》的经验和教训，开创性地采取促进的、自下而上的制度设计从而确保最大的包容性和参与度。在这一制度设计下，各国需每 5 年提交并更新一次 NDC，宣示本国未来在应对气候变化各个主题下的最大雄心；同时，缔约方会议每 5 年举行全球盘点，评估过往 5 年气候雄心和行动的集体进展，并为之后各国提交新一轮 NDC 提供信息参考。如此，《巴黎协定》形成了每 5 年为一周期的"设定目标—促进执行—评估反馈"的棘轮机制（图 6-9），一步步推动实现其长期气候目标。

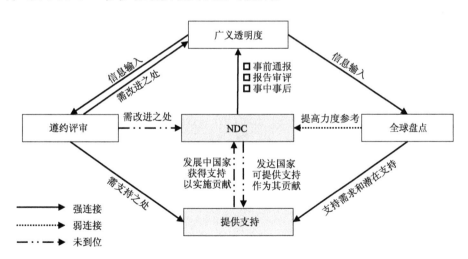

图 6-9 《巴黎协定》全球盘点与棘轮机制

资料来源：高翔（2021）

[①] 观点文章：《继往开来：全球盘点为碳中和进程注入新动力》，作者为孙若水。

全球盘点的宗旨是评估实现《巴黎协定》宗旨和长期目标的集体进展情况，其过程将以全面和促进性的方式开展，考虑减缓、适应，以及执行手段的问题，同时顾及公平和利用现有的最佳科学（UNFCCC，2018）。需要注意的是，全球盘点的对象是全球的集体进展而不是各国的分别进展，盘点的产出也不会对单个国家进行评价。

2）全球盘点的流程与进展

2015 年通过的《巴黎协定》第十四条确立了全球盘点制度，2018 年卡托维兹气候大会通过了全球盘点的实施细则。全球盘点包括信息收集和准备、技术评估、对产出的审议三个环节，如图 6-10 所示。信息收集和准备从多个来源收集提案和信息，以此作为技术评估的投入。技术评估由三场技术对话构成，三场对话分别以"What"（做了什么）、"How"（够不够、怎么做）和"What next"（要做什么）为主题，每次结束后发布一份总结报告，并最终发布一份总体事实综合报告，这些报告共同构成了技术对话的技术性产出，并在下一环节进行审议。对产出的审议通过高级别活动形成一份政治性产出，并在第五届缔约方会议的决定中被提及，进而结束本次全球盘点过程。

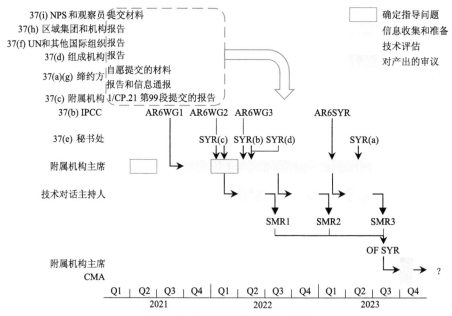

图 6-10　全球盘点的流程与进展

NPS：非缔约方利害关系方。CMA：作为《巴黎协定》缔约方会议的《联合国气候变化框架公约》缔约方大会。IPCC：联合国政府间气候变化专门委员会。AR：评估报告。WG：工作组。SYR：综合报告。SMR：总结报告。

在完成了信息收集和准备、技术评估，以及发布了三场技术对话的总结报告和最终的总体事实综合报告之后，各缔约方在 2023 年底举行了对全球盘点产出的审议，这也是全球盘点从技术层面上升到政治层面的重要环节。

3）全球盘点中的全球减缓和碳中和进程

截至 2022 年 9 月，虽然各国一共提交了 166 份 NDC（UNFCCC，2022b），也有总计 133 个国家提出碳中和的目标（Net Zero Tracker，2023），但是全球盘点的技术对话总结报告显示，目前依旧存在着较大的排放差距和执行差距。排放差距是指各国 NDC 汇总得到的集体排放路径与"和《巴黎协定》目标一致"排放路径的差距（图 6-11 中路径 3 和路径 2、4 之差），反映了各国 NDC 力度的充分性。结果显示，2030 年各国（无条件）NDC 与 2℃目标下的排放差距为 160 亿吨，与 1.5℃目标下的排放差距为 239 亿吨。执行差距是指各国现行政策行动下与 NDC 汇总得到的集体排放路径的差距（图 6-11 中路径 1 和路径 3 之差），反映了各国行动与目标之间的一致性。联合国政府间气候变化专门委员会报告显示，2030 年各国政策与（无条件）NDC 的执行差距为 40 亿吨（IPCC，2022b）。同时报告也注意到不少国家提出了 2050 年达到净零排放/碳中和的目标，但是其中大多数国家的短期行动、NDC 和长

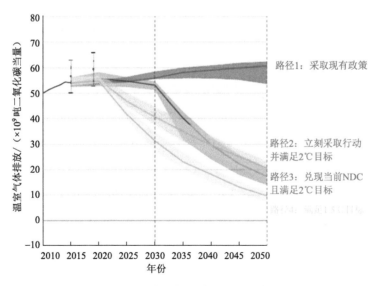

图 6-11　全球排放差距和执行差距

资料来源：UNFCCC（2022c）

期目标并不匹配。因此，全球盘点的结果表明目前世界的行动和雄心都不足以实现《巴黎协定》规定的长期目标，各国一方面需要履行承诺，另一方面也需要更加大胆、强化雄心。

4）全球盘点对未来减缓行动的建议

为了实现 1.5℃长期目标（包括全球在 2050 年后实现净零排放），世界认识到需要在短期内达到"2030 年排放减半目标"：2030 年全球 CO_2 排放较 2010 年减少 45%（约 224 亿吨二氧化碳）（UNFCCC，2021），温室气体排放较 2019 年减少 43%（约 301 亿吨二氧化碳）（UNFCCC，2022d）。虽然目前全球并不在实现这一短期目标的轨道上，但是总结报告指出目前很多减排技术已经具有成本优势，全部达成"2030 年排放减半目标"需要的减排成本为每吨二氧化碳 100 美元，达成一半该目标需要的成本仅为每吨二氧化碳 20 美元。这说明实现短期目标并非经济不可行，减缓行动也可以通过技术的大规模部署带来新的机遇。

从长期来看，实现全球净零排放需要各个行业的系统转型，并且实现低碳和零碳技术对高排放技术的替代，同时在供给侧和需求侧采取措施（表 6-4）。其中，能源部门是实现 2050 年全球净零排放最重要的部门，总体事实性综合报告也对其路径提供了若干量化参考：煤炭使用量下降 67%~82%，油气下降稍慢，未加装减排装置的化石燃料在总能源供给中占比 5%，化石燃料总占比 20%。

表 6-4　各部门实现系统转型的重点措施

行业	重点措施
能源	化石燃料去依赖、去补贴，新能源技术大规模部署（系统集成、部门耦合、储能、智慧电网、需求侧管理、可持续生物柴油、绿氢等）
工业	需求侧管理、能效、电气化、难减排（hard-to-abate，HTA）创新、循环经济
城市	智慧城市、紧凑高效城市、居家办公整合、交通电气化、低碳能源使用、增加植被
交通	内燃机淘汰、电动车替代、低碳出行、低碳燃料
建筑	低碳建材、降低需求、全周期低碳设计
农业和土地利用	制定净零毁林目标、生态经济激励、健康饮食、减少食物浪费、可持续农业、退耕还林

5）公平作为一种方法

公平作为《巴黎协定》的基本原则之一也在全球盘点中被提及。公平的定义和维度有很多，总结报告主要提及国内层面的公平：如何降低低碳转型带来的收入和福祉变化的不平衡性？总体事实性综合报告首先指出，低碳转型带来的新就业是就业损失的 3.5 倍，因此考虑公平时不应该降低低碳转型的信心，而是应该落在如何在政策中减少不公平的结果。不过也需要看到，总结报告并未深入评估发达国家历史排放和未来全球低碳转型带来的国家间不平等，这并未体现发达国家和发展中国家"共同但有区别的责任"。

第一次全球盘点已经在 2023 年底结束，目前的技术评估结果肯定了过往的低碳行动，识别了当前的行动缺口，推荐了未来的参考措施。目前，全球的承诺和行动都不在正确的轨道上，未来需要各国在公平的原则下共同增加行动力度，逐渐向目标路径靠拢，如此才能发挥《巴黎协定》制度设计的最大优势。

4. COP28 成果总结与后续展望[①]

1）COP28 成果总结

《联合国气候变化框架公约》第 28 次缔约方大会（COP28）于 2023 年 12 月 13 日闭幕。大会通过了"阿联酋共识"一揽子谈判成果，并达成一系列国际合作倡议和成果。

此次会议呈现出几个特点。一是参与人数多、会议规模大。COP28 是迄今为止规模最大的联合国气候变化会议，近 10 万人现场参加。二是谈判议题数量多。本次大会在联合国气候变化框架公约缔约方大会、巴黎协定缔约方会议和京都议定书第 18 次缔约方会议下共设 94 个谈判议题，其中 63 个议题在本次大会形成决定，31 个议题未形成共识，被推迟至下届附属机构会议或之后（Carbon Brief，2023）。三是各方谈判立场对立明显，弥合分歧难度大。发达国家、小岛屿国家等缔约方要求提高减缓雄心、设立能源转型、非二氧化碳温室气体减排等全球新目标，而以 77 国集团与中国为主的发展中国家强调坚持共同但有区别的责任、公平等原则，要求发达国家率先减排并对发展中国家提供资金、技术支持。

本次会议取得了一揽子谈判成果（即"阿联酋共识"），重点成果如下。一是结束第一次全球盘点，对减缓、适应、执行手段和支持、损失和损害、应对措施、国际合作等领域进展进行了盘点，就加强能源转型行动等问题达成共

---

① 观点文章：《COP28 成果总结与后续展望》，作者为谢璨阳。

识，给出了指导意见和前进方向。二是就损失和损害基金的运作达成共识，并筹资近 8 亿美元。三是就加强减缓雄心和实施的工作方案、公正转型路径工作方案、全球适应目标框架、第 6.8 条非市场方法、气候资金新的集体量化目标等议题形成决定。但本次大会未就一些议题达成共识，包括沙姆沙伊赫农业和粮食安全联合工作、第 6.2 条和 6.4 条机制、气候赋权行动等。

各方还在谈判轨道外达成一系列合作倡议和成果，重要成果如下：一是主席国发起"全球脱碳加速器"，包含三方面重点合作倡议：第一，在甲烷等非二氧化碳温室气体方面，中国、美国、阿联酋三国共同主办"甲烷和非二氧化碳温室气体峰会"，筹集 12 亿美元，并呼吁缔约方下一轮 NDC 包含所有温室气体。第二，在能源系统脱碳方面，占全球 40%油气产量的 52 家油气企业签署"石油和天然气脱碳宪章"；38 家企业和 6 个行业协会加入发起"工业转型加速器"；大会发起"建筑突破"、"水泥突破"和"废弃物净零"倡议。第三，在清洁能源发展和能效方面，132 个国家签署"全球可再生能源和能效承诺"，并动员 50 亿美元；37 个国家签署"关于氢能的 COP28 阿联酋宣言"。二是调动气候资金，各国承诺为绿色气候基金增资，使其本轮增资规模达到 128 亿美元，并为适应基金和最不发达国家基金增资 3.17 亿美元；13 国发布"关于全球气候融资框架的 COP28 阿联酋领导人宣言"；多边开发银行共同承诺在未来数年内增加 1800 亿美元的气候资金；阿联酋宣布成立 300 亿美元的私营部门气候基金。据主席国统计，大会共调动了超过 850 亿美元的气候资金。三是在自然、粮食、水、健康等领域取得成果，159 个国家签署"关于农业、粮食和健康的 COP28 阿联酋宣言"，144 个国家签署"关于气候和健康的 COP28 阿联酋宣言"。

总体而言，COP28 坚定了各方落实《联合国气候变化框架公约》和《巴黎协定》的信心，全球将步入落实第一次全球盘点成果的阶段。随着《巴黎协定》基本从建章立制转入实施阶段，未来数年内全球气候治理仍将在联合国多边进程下稳步进行，重点是完成尚待结束的谈判授权，落实《联合国气候变化框架公约》和《巴黎协定》已有机制。一是继续加强减缓雄心，2025 年缔约方须在全球盘点结论指导下通报新的、更具雄心的 NDC。全球盘点后决定举办"1.5℃任务路线图"等一系列活动，探讨大幅加强本十年内行动以保持 1.5℃目标可及的方式。二是气候资金相关事项将继续成为谈判重要议题，2024 年将设立新的集体量化目标，该目标的谈判将吸取发达国家 1000 亿美元目标落实的经验教训，也将对《巴黎协定》第 2.1（c）条资金流动目标作出贡献，新的集体量化目标成为 2024 年 COP29/CMA6 最重要议题之一。此外，损失和损害基金下一步的注资、治理架构与实际运行将在未来几年内持续受到关注。例如，世界银行尚未确认作为基金的托管方，资金获取资格的具体标准尚未确定。三是全面进入强化透明度框架，2024 年，《巴黎协定》缔约方将提交第一次双年期透明度报告，通报国家温室气体清单等内容，此后每两年均需提交报告。此外，联合国政府间气候变化专门委员会也将开启第七次评估周期工作。

2）中国的贡献

中国在 COP28 前后积极推动各方达成共识，为大会成功作出了重要贡献，展示了负责任发展中大国形象。一是协调各方立场，推动全球盘点谈判圆满结束。中国在 COP28 前与美国共同发布《关于加强合作应对气候危机的阳光之乡声明》，对 COP28 如何达成全球盘点决定提出愿景，最终全球盘点决定内容基本反映了中美两国共识。COP28 期间，中国代表团同各国代表团密切磋商，积极协调各方立场，最终达成平衡、包容、有雄心的谈判结果。二是提出应对气候变化新承诺、新举措。中国明确 2035 年 NDC 将是全经济范围，包括所有温室气体（生态环境部，2023），此外中国在 COP28 前发布《甲烷排放控制行动方案》，对未来一段时间中国甲烷控排工作作出部署（生态环境部等，2023）。三是积极参与《联合国气候变化框架公约》主渠道外治理机制。中国于 COP28 领导人气候行动峰会期间与美国、阿联酋主办"甲烷和非二氧化碳温室气体峰会"；与阿联酋共同发起"COP28 阿联酋气候、自然与人类联合声明"，18 个国家签署；签署加入"自然与人类高雄心联盟""关于韧性粮食体系、可持续农业及气候行动的阿联酋宣言""COP28 阿联酋气候救济、恢复与和平宣言""COP28 阿联酋促进性别平等的公正转型与气候行动伙伴关系"等倡议和宣言；振华石油控股有限公司加入"石油与天然气脱碳宪章"。

COP28 大会成果为中国积极参与全球气候治理、落实国内"双碳"目标带来诸多机遇。在能源转型上，全球盘点决定文件呼吁全球加强行动，包括可再生能源装机容量增加两倍、能效改善速度增加一倍、加速向净零排放能源系统转型和部署零碳低碳技术等。中国在风电、太阳能、电动车和动力电池等可再生能源技术的部署进展全球领先，提出构建新型电力系统，推动能源生产和消费革命。未来，中国应继续引领全球新能源发展进程，通过南南合作等渠道帮助其他发展中国家实现有序、公正、公平的能源转型。在甲烷控排上，中国向世界发出明确信号将控制甲烷排放，未来应积极推动国内能源、农业、废弃物重点领域的甲烷控排工作。在气候投融资上，中国对全球气候资金贡献巨大，在绿色金融、转型金融、气候投融资领域已有较好的基础，未来应继续加强政策、标准、市场、国际合作等方面的行动，以金融驱动能源、工业、建筑、交通等重点行业低碳转型。

3）全球气候治理走向及对中国的启示

COP28取得了丰富的《联合国气候变化框架公约》主渠道外合作成果，后续影响和落实成效有待观察。大会期间，主席国在气候资金、能源转型、农食系统等重点议题上主动做出承诺、发起合作倡议，力图借气候大会增强国际影响力，塑造自身在气候变化议题上的领导力。一方面，这些合作倡议如能得以落实将在一定程度上推动全球气候目标的实现。但另一方面，阿联酋作为发展中国家缔约方的身份未变，其在气候资金等问题上的高调承诺可能进一步模糊谈判中发达国家和发展中国家立场的分界线，并对其他发展中大国产生压力。此外，已有的《联合国气候变化框架公约》主渠道外合作倡议和机制也在持续发挥影响力。例如，2021年成立的GFANZ与本届大会期间成立的"工业脱碳加速器"达成合作，意图构建全球范围内的"金融-产业"低碳转型合作联盟；2021年发起的"全球甲烷承诺"目前已有155个国家加入，自COP27以来又获得超过10亿美元的赠款支持；主要多边开发银行持续加强气候行动，通过增加自身融资规模、加强国家层面合作、调动私人资本等方式扩大气候投融资。

未来几年内全球气候治理也将面临多方面挑战。一是一些主要国家和区域将迎来政治选举，包括美国总统大选、欧洲议会选举等，结果将显著影响未来数年内全球气候治理走向。二是全球经济面临长期下行压力，各国加强气候行动的政治意愿与持续扩大资金支持的能力可能有所减弱。三是全球气候投融资进展不足，自2022年起开始的全球气候融资机制讨论与改革成果有限，主要集中于多边开发银行、国际货币基金组织的出资和内部改革承诺，但对改善发展中国家融资成本高等挑战的效果有限。

中国在落实COP28成果进程中也面临一系列挑战。一是加强国内行动，确保积极稳妥转向以可再生能源为主的能源系统，彰显中国贡献。全球盘点已向世界明确传递能源转型的政治信号，提出全球可再生能源装机容量增加两倍、能效改善速度增加一倍、加速减少未减排煤电等目标。未来化石能源减量乃至退出、可再生能源加速发展是不可抵挡的趋势。中国近年来风电、光伏、电动车和动力电池等可再生能源技术的部署进展迅速，但煤油气国内生产和进口量、火电装机量与发电量、钢铁和水泥等重工业产品产量仍居高位，能效强度降低速度放缓。作为化石能源和可再生能源大国，中国在"双碳"背景下的能源转型目标和行动应该统筹好国内和国际两个大局，既要在国内坚持先立后破、积极稳妥，以自己的节奏和力度逐步降低能源系统对化石能源的依赖，以新能源产业为抓手塑造发展新动能、新优势，也要在国际上提出更具雄心、切实可行的承诺，增强全球信心，助力全球目标实现。二是加强中国监测、报告和核查基础能力建设。完善国家、地方、行业和企业层面的温室气体排放报告与核查体系是支撑中国 2035 年 NDC 目标设定、国家排放清单编制与《联合国气候变化框架公约》和《巴黎协定》透明度履约、碳市场和温室气体自愿减排交易市场建设、甲烷控排等工作的重要基础，对于企业供应链碳足迹管理、"双碳"相关标准体系建设与国际衔接互认也有重要意义。三是处理国内"双碳"政策行动与国际气候治理的关系，妥善应对国际社会压力。在加强应对气候变化目标上，中国已承诺 2035 年 NDC 将是全经济范围，包括所有温室气体。结合中国当前 NDC 目标，需要研究提出碳排放峰值水平、2035 年绝对减排目标的可能性，同时研究与国内能耗双控向碳排放双控转变、碳市场扩容和向总量控制转变等工作的衔接。此外，对于非化石能源、森林碳汇等目标的更新也须研究方案，做好准备。在国际气候融资上，中国将面临更大压力，不仅体现在气候资金相关议题的谈判中，也体现在南南合作、对外基础设施投资、主权债务等问题上。部分发达国家和发展中国家要求中国主动承诺出资，在"一带一路"倡议下的对外投资项目实施更高的环境和气候标准，减免对发展中国家的主权债务。中国须在多边谈判中团结其他发展中国家，坚持发达国家履行出资义务，同时继续加强通过"一带一路"倡议、南南合作等渠道应对气候变化的国际合作，适时展示合作成果，同时在国际金融机构、G20 等平台积极参与国际金融架构改革与气候融资相关讨论，贡献解决方案，维护中国在全球气候治理中的负责任大国形象。在国际贸易上，美国、欧洲等国家和地区陆续出台以应对气候变化为名的单边主义贸易保护政策，对中国高排放重点行业产品出口设置绿色贸易壁垒。未来既需要在多边机制下积极谈判和维护正当权益，又需要增强国内行业企业低碳发展能力，鼓励国内企业主动参与全球气候治理。

5. 甲烷减排的全球进展与中国方案[①]

2023 年 11 月 7 日，生态环境部联合有关部门印发《甲烷排放控制行动方案》，首次以单独的行动方案管控非二氧化碳温室气体排放，这既是中国生态文明建设的必然要求，也体现了提供全球气候公共物品、强化《巴黎协定》NDC 的大国担当。有必要明确甲烷减排的迫切意义，梳理甲烷减排的全球进展，识别中国甲烷减排政策重点，以推动甲烷减排体制机制、政策工具和技术体系的发展。

1）甲烷减排的迫切意义

甲烷减排具有三方面的迫切意义。其一，甲烷减排是应对全球气候变化的重要组成。甲烷具有更高的全球增温潜势，在 2019 年贡献约 0.28℃ 的全球增温，快速增长的甲烷排放会持续加速气候变化，而因其大气寿命短，甲烷减排能够起到立竿见影的气候变化减缓效果（IPCC，2022b）。其二，甲烷减排产生显著的可持续发展协同效益。甲烷减排能够减少对流层臭氧而产生空气质量协同效益，并通过煤矿瓦斯利用或清除、降低油气行业甲烷泄漏、甲烷回收利用等途径，提升资源和能源利用效率，保障安全可靠的工作环境，推进高效、包容、可持续的农业生产、工业化与城市化，并推动可持续发展与生态文明建设。其三，甲烷减排可降低中国绿色转型和国际履约风险。甲烷减排行动方案的出台能够激励技术研发、完善体制机制和政策管理措施，从而为实现长期低排放发展目标奠定基础，同时考虑到全球甲烷减排承诺截至 2022 年底已经得到 150 个缔约方的响应，推动甲烷减排有助于降低中国绿色转型和国际履约的风险。表 6-5 梳理了中国宏观政策文件中的甲烷减排相关内容，体现了中国对甲烷减排行动的日益重视。图 6-12 体现了中国和国际甲烷排放趋势和排放源上的差异，加强煤炭开采和水稻种植的甲烷减排是中国相比于发达国家的独特挑战。

表 6-5　中国宏观政策文件中的甲烷减排内容梳理

政策文件	相关内容	发布时间
《国家应对气候变化规划（2014—2020 年）》	控制农业、商业和废弃物处理领域排放；控制稻田甲烷和氧化亚氮排放；在具有甲烷收集利用价值的垃圾填埋场开展甲烷收集利用及再处理工作	2014 年 9 月

[①] 观点文章：安康欣，王灿. 2023. 甲烷减排战略：国际进展与中国对策. 环境影响评价，45（3）：8-16.

续表

政策文件	相关内容	发布时间
《中华人民共和国国民经济和社会发展第十四个五年规划和2035年远景目标纲要》	加大甲烷、氢氟碳化物、全氟化碳等其他温室气体控制力度	2021年3月
《中共中央 国务院关于完整准确全面贯彻新发展理念做好碳达峰碳中和工作的意见》	加强甲烷等非二氧化碳温室气体管控	2021年10月
《中国本世纪中叶长期温室气体低排放发展战略》	统筹能源活动、工业生产过程、农业、废弃物处理等领域的非二氧化碳温室气体管控，强化温室气体排放与大气污染物排放的协同控制，有重点、分步骤、分阶段将不同类型非二氧化碳温室气体排放纳入量化管控范围，建立和完善非二氧化碳排放统计核算体系、政策体系和管理体系	2021年10月
《中美关于在21世纪20年代强化气候行动的格拉斯哥联合宣言》	加大行动控制和减少甲烷排放是21世纪20年代的必要事项，计划在测量、控制措施、国家行动计划等方面开展合作	2021年11月
《甲烷排放控制行动方案》	具体提出甲烷减排面临的形势、总体要求、重点任务及组织实施方案，指出加强甲烷排放监测、核算、报告和核查体系建设，推进能源、农业、垃圾和污水处理领域甲烷排放控制，加强污染物与甲烷协同控制，加强技术创新和甲烷排放控制监管，加快构建法规标准政策体系以及加强全球甲烷治理与合作等重点任务	2023年11月
《关于加强合作应对气候危机的阳光之乡声明》	十、两国将落实各自国家甲烷行动计划并计划视情细化进一步措施。十一、两国将立即启动技术性工作组合作，开展政策对话、技术解决方案交流和能力建设，在各自国家甲烷行动计划基础上制定各自纳入其2035年国家自主贡献的甲烷减排行动/目标，并支持两国各自甲烷减/控排取得进展	2023年11月

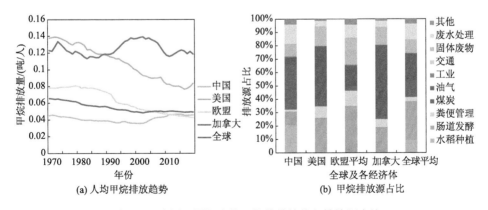

(a) 人均甲烷排放趋势　　(b) 甲烷排放源占比

图 6-12　中国及国际人均甲烷排放趋势与排放源占比

资料来源：Emissions Database for Global Atmospheric Research（2022）

2）甲烷减排的全球进展

甲烷减排既需要横向分领域开展行动，又需要纵向分对策进行发力，以建立综合、系统的甲烷减排战略。美国、欧盟、加拿大出台的甲烷行动方案都强调分部门行动和分对策措施的重要性。2020 年 10 月发布的《欧盟甲烷减排战略》从分部门、跨部门与国际合作三个战略方向出发，既采取有力措施应对农业、能源和废物管理部门的甲烷排放问题，又整合五方面（报告、国际排放观测、卫星和空中监测、气候立法、沼气生产）等的跨部门行动，以实现政策协同（European Parliament，2022）。2021 年 11 月发布的《美国甲烷减排行动计划》根据减排优先级，提出了油气行业、垃圾填埋场、废弃煤矿、农业和其他行业的甲烷减排计划，以期实现甲烷减排并促进就业（White House，2021）。2022 年 9 月发布的《更快更远：加拿大甲烷战略》提出了从测量、科学、创新与报告，减排行动，经济机遇，国际行动，自然源汇五个方面推动甲烷减排的具体方案。本书从甲烷监测、报告与核查制度，甲烷减排技术措施以及市场机制三方面梳理全球进展（安康欣和王灿，2023）。

（1）监测、报告与核查制度。针对甲烷的准确和科学的监测、报告与核查制度建设是开展甲烷减排的前提。欧盟计划推动企业使用更准确的核算方法，在能源部门立法强制要求建立报告与核查制度，推动应用石油和天然气甲烷伙伴关系方法，促进能源企业广泛采取 IPCC 三级核算方法；在农业部门逐渐从 IPCC 二级方法向三级方法过渡，鼓励在农场层面开发和使用数字碳导航模板，定量计算温室气体排放与移除量；在不断完善垃圾填埋场甲烷核算方法基础上探索开展并强化废水处理甲烷核算方法。美国同样计划建立和改进农场尺度的决策支持工具，并加强量化和报告农业甲烷排放。欧盟、美国、加拿大提出加强自上而下的地面、空中和卫星监测能力，补充校准核算方法。欧盟还计划与国际机构合作建立独立的国际甲烷排放观察站，在全球范围内收集、协调、核查和报告人为甲烷排放数据。

（2）甲烷减排技术措施。针对能源部门，发达国家重点关注能源结构中占比较高的油气行业。欧美等国家和地区指出泄漏检测与修复（leak detection and repair，LDAR）的重要性，以减少油气收集、运输、分配管道和储存设施的泄漏，并提出卫星监测和空中监测在超级排放源排查中的创新应用。加拿大提出一系列成本可控且有效的减排措施，如安装油气回收系统和柱塞泵进行甲烷捕集，利用电动机或压缩空气驱动设备来替换气动设备与燃油发动机，以及替换高压气泵、控制器、压缩机密封件或活塞杆等。此外，针对已废弃煤矿，欧美等国家和地区提出须加强修复以降低甲烷泄漏。针对农业部门，须从生产侧和需求侧共同发力。由于农业甲烷减排措施多样，欧盟计划制定一份最佳实践和技术清单并进行动态更新，并重点关注肠道发酵排放；同时，提出使用生命周期甲烷排放指标来研究牲畜、粪便和饲料管理以及其他新技术新措施对甲烷排放的影响。美国行动方案则基于气候智能型农业战略，鼓励农民和牧场主更新粪便管理系统，如为现有厌氧设备加盖、安装厌氧消化器，安装固体分离器，堆肥等，并发展沼气回收系统。加拿大重点关注了大型牧场这一集中排放源的肠道发酵和粪便管理活动。针对废物处理，欧盟要求将填埋比例限制在最低限度，最大程度地降低可降解生物废物进入填埋场的比例。为此提出减少食物浪费、回收废纸、收集生物废物用于堆肥或厌氧消化，提高焚烧和资源化利用比例，回收利用填埋气并去除无法回收的部分等具体行动。而对于水处理领域甲烷减排尚未提出明确行动。

（3）市场机制。完善甲烷减排的市场机制，能够提供足够的经济激励，有效推动各部门技术研发和部署，各国强调能源市场、碳市场和气候投融资在甲烷减排中的作用。在能源市场中，鼓励沼气、填埋气或煤层气回收利用，能够产生经济效益并促进甲烷减排。欧盟鼓励农村产沼气并进入沼气市场，回收生物可降解废物再生利用，在天然气系统中引入生物甲烷，回收利用煤层气、填埋气等措施以支持甲烷参与能源市场；美国同样强调将填埋气引入可再生气体能源市场，并促进农场甲烷的生产和利用。在碳市场中，将甲烷纳入碳市场能够提供直接经济激励。欧盟排放交易体系从 2026 年起控制航运业甲烷排放，激励航运业降低液化天然气等能源的甲烷泄漏。类似于国家核证自愿减排量（Chinese certified emission reduction，CCER）机制，加拿大在 2022 年启动温室气体抵消信用体系，使得垃圾填埋场通过回收填埋气获得收益。此外，加拿大正制订方案将肠道发酵和粪便管理甲烷减排纳入体系。抵消信用体系能够降低温室气体核算与核查的难度，有助于激励更大范围内的甲烷减排行动。在气候投融资工具上，实现甲烷减排需要可持续的气候投融资政策。一方面降低投资决策不当的转型风险，另一方面加速促进甲烷减排技术的研发部署。美国和加拿大强调公共投资的重要性，美国《基础设施投资和就业法案》提供 47 亿美元的油井封堵计划、113 亿美元的废弃矿区拨款计划资金，以降低能源领域的甲烷泄漏，还计划投资农业甲烷测量与减排技术创新。加拿大详细明确了各领域甲烷减排的投资去向与融资来源，如利用减排基金促进油气公司绿色技术投资，加强市政基础设施投资以促进废物管理和回收等。

3）甲烷减排的中国方案

结合全球进展和中国甲烷排放现状，中国行动方案明确了三方面重点任务。一是强化甲烷监测、核算、报告与核查体系，加强天、空、地一体化的甲烷监测体系建设，建立各领域报告与核查制度，并提升甲烷排放数据信息化的管理水平。二是推进各领域技术措施的创新应用，在能源领域加强油气田和煤炭企业的甲烷综合利用，推广应用 LDAR 技术并减少常规火炬排放，在农业领域推动畜禽粪污资源化利用并控制肠道发酵、稻田甲烷排放，在废物管理领域推动资源化利用和体系建设，并加强污染物与甲烷协同控制，进行关键技术创新并建立技术标准体系。三是加强政策管理机制建设，强化并落实各领域甲烷排放标准和技术标准体系，完善法律法规制度并创新经济激励政策，同时积极参与到全球甲烷治理和交流合作中来，具体内容总结如图 6-13 所示。

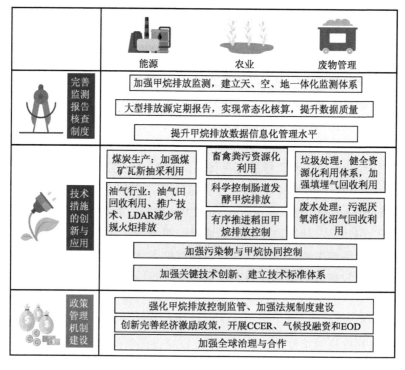

图 6-13　中国甲烷排放控制行动方案的重点任务

EOD：生态环境导向的开发（eco-environment-oriented development）模式

　　相比于欧美等国家和地区甲烷减排战略，中国行动方案更加系统、全面，既强调了中国相比于主要发达国家和地区特有的煤炭开采、水稻种植等排放源的减排方案，又强调了加强各领域前沿技术和政策体系完善与创新的重要性。在此基础上，应当进一步加强与碳中和总体目标、社会经济发展的协同。要做好行动方案与"1+N"政策体系有效衔接，积极利用省市试点工作促进各领域甲烷减排体制机制、政策工具和技术体系上的最佳实践，为进一步全面开展甲烷减排夯实基础能力，积累丰富经验，从而能够适时明确甲烷排放达峰和减排的时间表与路线图。要分步骤有序推进甲烷减排行动，协调甲烷减排与社会经济发展，应当根据排放源类型、技术与政策成熟度分步骤有序推进甲烷减排行动，其中能源和固体废物管理领域具有先行减排的技术和政策基础，而农业、废水处理领域尚处于起步阶段，须从摸清"家底"开始，逐步加强技术和政策体系建设，并积极开拓 CCER 机制、沼气市场、投融资工具等经济激励措施以寻求低成本乃至净经济效益的减排机会。要积极应对国际甲烷减排新动向，主动参与多边与双边气候谈判与合作，建设性参与全球甲烷治理，开展南北、南南对话合作，推动绿色"一带一路"共建，提升产业国际竞争力。

参考文献

安康欣, 王灿. 2023. 甲烷减排战略: 国际进展与中国对策. 环境影响评价, 45(3): 8-16.

高翔. 2021. 气候变化《巴黎协定》的逻辑及其不足. 复旦国际关系评论, (2): 42-61.

郭芳, 王灿, 张诗卉. 2021. 中国城市碳达峰趋势的聚类分析. 中国环境管理, 13(1): 40-48.

李忠夏. 2020. 功能取向的法教义学: 传统与反思. 环球法律评论, 42(5): 5-20.

梁晓菲. 2018. 论《巴黎协定》遵约机制: 透明度框架与全球盘点. 西安交通大学学报(社会科学版), 38(2): 109-116.

生态环境部. 2023. 关于加强合作应对气候危机的阳光之乡声明. [2023-11-15]. https://www.mee.gov.cn/ywdt/hjywnews/202311/t20231115_1056452.shtml.

生态环境部, 外交部, 国家发展改革委, 等. 2023. 生态环境部等 11 部门关于印发《甲烷排放控制行动方案》的通知. [2023-11-07]. https://www.gov.cn/zhengce/zhengceku/202311/content_6914109.htm.

孙雪妍, 王灿. 2022. 论碳达峰碳中和目标的立法保障. 环境保护, 50(18): 40-43.

UNFCCC. 2018. 第 19/CMA.1 号决定: 与《巴黎协定》第十四条和第 1/CP.21 号决定第 99-101 段有关的事项//作为《巴黎协定》缔约方会议的《公约》缔约方会议. [2024-09-05]. https://unfccc.int/sites/default/files/resource/CMA2018_03a02C.pdf.

UNFCCC. 2021. 第 1/CMA.3 号决定: 格拉斯哥气候协议//作为《巴黎协定》缔约方会议的《公约》缔约方会议. [2024-09-05]. https://unfccc.int/sites/default/files/resource/cma2021_10a01C.pdf.

万健琳, 杜其君. 2021. 顶层设计与分层对接: 对生态治理绩效实现机制的解释. 中国行政管理, (11): 50-57.

汪惠青. 2021. 碳市场建设的国际经验、中国发展及前景展望. 国际金融, (12): 23-33.

王灿, 张雅欣. 2020. 碳中和愿景的实现路径与政策体系. 中国环境管理, 12(6): 58-64.

王帆. 2021. 20 个低碳试点城市观察: 北上广深有望率先碳达峰, 15 城有条件碳排放绝对量下降. [2021-07-05]. https://m.21jingji.com/article/20210703/a366e77b3f841425f0f7ada700130191.html.

王建芳, 苏利阳, 谭显春, 等. 2022. 主要经济体碳中和战略取向、政策举措及启示. 中国科学院院刊, 37(4): 479-489.

王伟光, 郑国光. 2016. 应对气候变化报告(2016): 《巴黎协定》重在落实. 北京: 社会科学文献出版社.

项目综合报告编写组. 2020. 《中国长期低碳发展战略与转型路径研究》综合报告. 中国人口·资源与环境, 30(11): 1-25.

谢璨阳, 郭凯迪, 王灿. 2022. 全球气候投融资进展及对中国实现碳中和目标的启示. 环境保护, 50(15): 25-31.

徐华清, 王雪纯, 田丹宇, 等. 2018. 国家低碳省市试点工作调研与总结报告. [2024-09-05]. http://www.ncsc.org.cn/yjcg/dybg/201804/P020180920509262040412.pdf.

余璐. 2020. 我国已初步形成全方位多层次低碳试点体系. [2020-09-28]. http://env.people.com.cn/n1/2020/0928/c1010-31878646.html.

余耀军. 2022. "双碳"目标下中国气候变化立法的双阶体系构造. 中国人口·资源与环境, 32(1): 89-96.

禹湘, 陈楠, 李曼琪. 2020. 中国低碳试点城市的碳排放特征与碳减排路径研究. 中国人口·资源与环境, 30(7): 1-9.

张九天, 孙雪妍. 2022. 国家气候投融资项目库建设研究. 环境保护, 50(15): 21-24.

张锐, 张瑞华, 李梦宇, 等. 2022. 碳中和背景下发达国家的气候援助: 进展与问题. 全球能源互联网, 5(1): 63-70.

张雅欣, 罗荟霖, 王灿. 2021. 碳中和行动的国际趋势分析. 气候变化研究进展, 17(1): 88-97.

郑馨竺, 周嘉欣, 王灿. 2021. 绿色屋顶的城市降温与建筑节能效果研究. 生态经济, 37(2): 222-229.

中国金融学会绿色金融专业委员会课题组. 2021. 碳中和愿景下的绿色金融路线图研究. [2024-09-05]. https://13115299.s21i.faiusr.com/61/1/ABUIABA9GAAguLWzjQYoyrfzsgc.pdf.

中华人民共和国生态环境部. 2022. 中国应对气候变化的政策与行动 2022 年度报告. [2022-10-27]. https://www.mee.gov.cn/ywgz/ydqhbh/syqhbh/202210/t20221027_998100.shtml.

庄贵阳. 2020. 中国低碳城市试点的政策设计逻辑. 中国人口·资源与环境, 30(3): 19-28.

庄贵阳, 周伟铎. 2016. 中国低碳城市试点探索全球气候治理新模式. 中国环境监察, (8): 19-21.

Averchenkova A, Fankhauser S, Finnegan J J. 2021. The impact of strategic climate legislation: evidence from expert interviews on the UK Climate Change Act. Climate Policy, 21(2): 251-263.

Berrang-Ford L, Sietsma A J, Callaghan M, et al. 2021. Systematic mapping of global research on climate and health: a machine learning review. The Lancet Planetary Health, 5(8): e514-e525.

Bertram C, Luderer G, Popp A, et al. 2018. Targeted policies can compensate most of the increased sustainability risks in 1.5°C mitigation scenarios. Environmental Research Letters, 13(6): 064038.

Buchner B, Naran B, de Aragão Fernandes P. 2021. Global landscape of climate finance 2021. [2024-09-05]. https://www.climatepolicyinitiative.org/publication/global-landscape-of-climate-finance-2021/.

Carbon Brief. 2023. Interactive: tracking negotiating texts at COP28 climate summit. [2024-09-05]. https://www.carbonbrief.org/interactive-tracking-negotiating-texts-at-cop28-climate-summit/.

Carlarne C P. 2010. Climate Change Law and Policy: EU and US Approaches. New York: Oxford University Press.

Climate Action Tracker. 2023. CAT net zero target evaluations. [2024-09-05]. https://climateactiontracker.org/global/cat-net-zero-target-evaluations/.

Climate Bonds Initiative. 2023a. Interactive data platform. [2024-09-05]. https://www.climatebonds.net/market/data/.

Climate Bonds Initiative. 2023b. Sustainable debt global state of the market 2022. [2024-09-05]. https://www.climatebonds.net/files/reports/cbi_sotm_2022_03e.pdf.

Creutzig F, Niamir L, Bai X M, et al. 2022. Demand-side solutions to climate change mitigation consistent with high levels of well-being. Nature Climate Change, 12(1): 36-46.

Department of the Environment and Energy of Australian Government. 2019. Australia's fourth biennial report. [2024-09-05]. https://unfccc.int/sites/default/files/resource/Australia%20Fourth%20Biennial%20Report.pdf.

Dubash N K. 2021. Varieties of climate governance: the emergence and functioning of climate institutions. Environmental Politics, 30(Sup.1): 1-25.

Dubash N K, Pillai A V, Flachsland C, et al. 2021. National climate institutions complement targets and policies. Science, 374(6568): 690-693.

Dyke J, Watson R, Knorr W. 2021. Climate scientists: concept of net zero is a dangerous trap. [2024-09-05]. https://council.science/blog/climate-scientists-concept-of-net-zero-is-a-dangerous-trap/.

Emissions Database for Global Atmospheric Research. 2022. Global greenhouse gas emissions: EDGAR v7.0. [2024-09-05]. https://edgar.jrc.ec.europa.eu/gallery?release=v70ghg&substance=CO2_org_short-cycle_C&sector=TOTALS.

Eskander S M S U, Fankhauser S. 2020. Reduction in greenhouse gas emissions from national climate legislation. Nature Climate Change, 10(8): 750-756.

European Parliament. 2022. An EU strategy to reduce methane emissions. [2024-09-05]. https://eur-lex.europa.eu/legal-content/EN/TXT/PDF/?uri=CELEX:52021IP0436.

Fankhauser S, Smith S M, Allen M, et al. 2022. The meaning of net zero and how to get it right. Nature Climate Change, 12(1): 15-21.

Farstad F M. 2016. From consensus to polarisation: what explains variation in party agreement on climate change?. [2024-09-05]. https://etheses.whiterose.ac.uk/16621/.

Flachsland C, Levi S. 2021. Germany's federal climate change act. Environmental Politics, 30(sup1): 118-140.

Fujimori S, Wu W C, Doelman J, et al. 2022. Land-based climate change mitigation measures can affect agricultural markets and food security. Nature Food, 3(2): 110-121.

Georgescu M, Arabi M, Chow W T L, et al. 2021. Focus on sustainable cities: urban solutions toward desired outcomes. Environmental Research Letters, 16(12): 120201.

Government of Canada. 2022. Faster and further: Canada's methane strategy. [2024-09-05]. https://www.canada.ca/en/services/environment/weather/climatechange/climate-plan/reducing-methane-emissions/faster-further-strategy.html.

Gulley A L, Nassar N T, Xun S A. 2018. China, the United States, and competition for resources that enable emerging technologies. Proceedings of the National Academy of Sciences of the United States of America, 115(16): 4111-4115.

Hale T, Smith S M, Black R, et al. 2022. Assessing the rapidly-emerging landscape of net zero targets. Climate Policy, 22(1): 18-29.

Hamilton I, Kennard H, McGushin A, et al. 2021. The public health implications of the Paris Agreement: a modelling study. The Lancet Planetary Health, 5(2): e74-e83.

Hermwille L, Siemons A, Förster H, et al. 2019. Catalyzing mitigation ambition under the Paris Agreement: elements for an effective Global Stocktake. Climate Policy, 19(8): 988-1001.

HM Treasury. 2021. Net Zero review: analysis exploring the key issues. [2024-09-05]. https://assets.publishing.service.gov.uk/government/uploads/system/uploads/attachment_data/file/1026725/NZR_-_Final_Report_-_Published_version.pdf.

Hochstetler K. 2021. Climate institutions in Brazil: three decades of building and dismantling climate capacity. Environmental Politics, 30(sup1): 49-70.

Hoehne N, Gidden M J, den Elzen M, et al. 2021. Wave of net zero emission targets opens window to meeting the Paris Agreement.Nature Climate Change, 11(10): 820-822.

IEA. 2022. World Energy Investment 2022. Paris.

IEA. 2023. World Energy Investment 2023. Paris.

IPCC. 2022a. Climate Change 2022: Mitigation of Climate Change. Contribution of Working Group III to the Sixth Assessment Report of the Intergovernmental Panel on Climate Change . Cambridge, UK and New York, NY, USA.

IPCC. 2022b. Summary for Policymakers. Cambridge: Cambridge University Press.

Jenkins J D, Mayfield E N, Larson E D, et al. 2021. Mission net-zero America: the nation-building path to a prosperous, net-zero emissions economy. Joule, 5(11): 2755-2761.

Kang J N, Wei Y M, Liu L C, et al. 2020. Energy systems for climate change mitigation: a systematic review. Applied Energy, 263: 114602.

Köberle A C. 2022. Food security in climate mitigation scenarios. Nature Food, 3(2): 98-99.

Lachapelle E, Paterson M. 2013. Drivers of national climate policy. Climate Policy, 13(5): 547-571.

Lamb W F, Minx J C. 2020. The political economy of national climate policy: architectures of constraint and a typology of countries. Energy Research & Social Science, 64: 101429.

Landrigan P J, Fuller R, Acosta N J R, et al. 2018. The lancet commission on pollution and health. The Lancet, 391(10119): 462-512.

Li H M, Wang J, Yang X, et al. 2018. A holistic overview of the progress of China's low-carbon city pilots. Sustainable Cities and Society, 42: 289-300.

Lockwood M. 2021. A hard act to follow? The evolution and performance of UK climate governance. Environmental Politics, 30(sup1): 26-48.

Lu C X, Adger W N, Morrissey K, et al. 2022. Scenarios of demographic distributional aspects of health co-benefits from decarbonising urban transport. The Lancet Planetary Health, 6(6): e461-e474.

Meinshausen M, Lewis J, McGlade C, et al. 2022. Realization of Paris Agreement pledges may limit warming just below 2°C. Nature, 604(7905): 304-309.

Mildenberger M. 2021. The development of climate institutions in the United States. Environmental Politics, 30(sup1): 71-92.

Milkoreit M, Haapala K. 2019. The global stocktake: design lessons for a new review and ambition mechanism in the international climate regime. International Environmental Agreements: Politics, Law and Economics, 19(1): 89-106.

Morisetti N. 2012. Climate change and resource security. BMJ, 344: e1352.

Müller B, Ngwadla X. 2016. The Paris ambition mechanism: review and communication cycles [2024-09-05]. https://ecbi.org/sites/default/files/Ambition_Mechanism_Options_Final.pdf.

Naran B, Connolly J, Rosane P, et al. 2022. Global landscape of climate finance: a decade of data. [2024-09-05]. https://www.climatepolicyinitiative.org/publication/global-landscape-of-climate-finance-a-decade-of-data/.

Net Zero Tracker. 2023. Net zero target status. [2024-09-05]. https://zerotracker.net/.

Nordhaus W D. 1992. An optimal transition path for controlling greenhouse gases. Science, 258(5086): 1315-1319.

Obergassel W, Hermwille L, Siemons A, et al. 2019. Success Factors for the Global Stocktake under the Paris Agreement. Wuppertal: Wuppertal Institute for Climate, Environment and Energy.

OECD. 2021. The annual climate action monitor: helping countries advance towards net zero. [2024-09-05]. https://doi.org/10.1787/5bcb405c-en.

Olick D. 2021. Climate change will disrupt supply chains much more than Covid: here's how businesses can prepare. [2024-09-05]. https://www.cnbc.com/2021/08/19/climate-changesupply-chain-disruptions-how-to-prepare.html.

Peng W, Yang J N, Lu X, et al. 2018. Potential co-benefits of electrification for air quality, health, and CO_2 mitigation in 2030 China. Applied Energy, 218: 511-519.

Pillai A V, Dubash N K. 2021. The limits of opportunism: the uneven emergence of climate institutions in India. Environmental Politics, 30(sup1): 93-117.

Qiao L. 2021. Carbon neutrality can lead to new economic miracle. [2024-09-05]. https://global. chinadaily.com.cn/a/202110/09/WS6160cb1ea310cdd39bc6db16.html.

Ramaswami A, Tong K K, Canadell J G, et al. 2021. Carbon analytics for net-zero emissions sustainable cities. Nature Sustainability, 4(6): 460-463.

Ramaswami A, Tong K K, Fang A, et al. 2017. Urban cross-sector actions for carbon mitigation with local health co-benefits in China. Nature Climate Change, 7: 736-742.

Robiou du Pont Y, Jeffery M L, Gütschow J, et al. 2017. Equitable mitigation to achieve the Paris Agreement goals. Nature Climate Change, 7(1): 38-43.

Rogelj J, Geden O, Cowie A, et al. 2021. Net-zero emissions targets are vague: three ways to fix. [2024-09-05]. https://www.nature.com/articles/d41586-021-00662-3.

Romer P M. 1990. Endogenous technological change. Journal of Political Economy, 98(5): S71-S102.

Schumpeter J A, Backhaus U. 2003. The theory of economic development//Backhaus J. Joseph Alois Schumpeter. Boston: Springer: 61-116.

Seto K C, Churkina G, Hsu A, et al. 2021. From low- to net-zero carbon cities: the next global agenda. Annual Review of Environment and Resources, 46: 377-415.

Solorio I. 2021. Leader on paper, laggard in practice: policy fragmentation and the multi-level paralysis in implementation of the Mexican Climate Act. Climate Policy, 21(9): 1175-1189.

Solow R M. 1957. Technical change and the aggregate production function. The Review of Economics and Statistics, 39(3): 312-320.

Steffen W, Richardson K, Rockström J, et al. 2015. Planetary boundaries: guiding human development on a changing planet. Science, 347(6223): 1259855.

Teng F, Wang P. 2021. The evolution of climate governance in China: drivers, features, and effectiveness. Environmental Politics, 30(sup1): 141-161.

Thaker J, Leiserowitz A. 2014. Shifting discourses of climate change in India. Climatic Change, 123(2): 107-119.

Tyler E, Hochstetler K. 2021. Institutionalising decarbonisation in South Africa: navigating climate mitigation and socio-economic transformation. Environmental Politics, 30(sup.1): 184-205.

Umar M, Ji X F, Mirza N, et al. 2021. Carbon neutrality, bank lending, and credit risk: evidence from the Eurozone. Journal of Environmental Management, 296: 113156.

UN Climate Change. 2022. COP27 reaches breakthrough agreement on new "loss and damage" fund for vulnerable countries. [2024-09-05]. https://unfccc.int/news/cop27-reaches- break-through-agreement-on-new-loss-and-damage-fund-for-vulnerable-countries.

UN Climate Change. 2023. Global stocktake. [2024-09-05]. https://unfccc.int/topics/global-stocktake.

UNEP. 2016. Adaptation Finance Gap Report 2016. Nairobi, Kenya: United Nations Environment Programme.

UNEP, UNEP-CCC. 2021. Emissions gap report 2021. [2024-09-05]. https://www.unep.org/resources/emissions-gap-report-2021.

UNFCCC. 2015. Adoption of the Paris Agreement. [2024-09-05]. https://unfccc.int/resource/docs/2015/cop21/eng/.

UNFCCC. 2022a. Race to zero campaign. [2024-09-05]. https://racetozero.unfccc.int/system/race-to-zero/?_gl=1*1qwvmno*_ga*MjAzNzczMjgxMi4xNzA3MzAyODEw*_ga_7ZZWT14N79* MTczMTg0MzU5MS4xMy4xLjE3MzE4NDQxMzAuMC4wLjA.

UNFCCC. 2022b. Nationally determined contributions under the Paris Agreement. [2024-09-05]. https://unfccc.int/sites/default/files/resource/cma2022_04.pdf.

UNFCCC. 2022c. Summary report on the SBSTA–IPCC special event. [2024-09-05]. https://unfccc. int/sites/default/files/resource/Summary%20Report_IPCC%20WG3_Special%20event.pdf.

UNFCCC. 2022d. 第 1/CMA.4 号决定: 沙姆沙伊赫实施计划. [2024-09-05]. https://unfccc.int/sites/default/files/resource/cma2022_L21C.pdf.

UNFCCC Standing Committee on Finance. 2022. Biennial assessment and overview of climate finance flows. [2024-09-05]. https://unfccc.int/topics/climate-finance/resources/biennial-assessment-and-overview-of-climate-finance-flows.

United Arab Emirates. 2023. COP28 UAE Consensus. [2024-09-05]. https://prod-cd-cdn. azureedge. net/-/media/Project/COP28/COP28_The-UAE-Consensus_Brochure_19122023.pdf?rev=8415 d617d 7 9845d1a7fb99c3b77c0e87.

United Nations. 2023. Financing for Sustainable Development Report 2023: Financing Sustainable Transformations. New York: United Nations.

van Soest H L, den Elzen M G J, van Vuuren D P. 2021. Net-zero emission targets for major emitting countries consistent with the Paris Agreement. Nature Communications, 12(1): 2140.

Vandyck T, Rauner S, Sampedro J, et al. 2021. Integrate health into decision-making to foster climate action. Environmental Research Letters, 16(4): 041005.

Victor D G, Lumkowsky M, Dannenberg A. 2022. Determining the credibility of commitments in international climate policy. Nature Climate Change, 12(9): 793-800.

Watson C, Roberts L. 2019. Understanding finance in the global stocktake. [2024-09-05]. https://www.climateworks.org/wp-content/uploads/2020/05/Understanding-Finance-in-the-Global-Stocktake_iGST_ODI.pdf.

White House. 2021. U.S. Methane emissions reduction action plan. [2024-09-05]. https://www. whitehouse.gov/wp-content/uploads/2021/11/US-Methane-Emissions-Reduction-Action-Plan-1.pdf.

Winkler H, Akhtar F. 2022. Summary report on the first meeting of the technical dialogue of the first global stocktake under the Paris Agreement. [2024-09-05]. https://unfccc.int/documents/ 615116.

World Resources Institute. 2022a. Climate watch. [2024-09-05]. https://www.wri.org/initiatives/ climate-watch.

World Resources Institute. 2022b. Navigating the Paris agreement rulebook: global stocktake deeper dive. [2024-09-05]. https://www.wri.org/paris-rulebook/paris-rulebook-global-stocktake-deeper- dive.

Wu Y P, Zhao F B, Liu S G, et al. 2018. Bioenergy production and environmental impacts. Geoscience Letters, 5(1): 14.

Zhang S H, Mendelsohn R, Cai W J, et al. 2019. Incorporating health impacts into a differentiated pollution tax rate system: a case study in the Beijing-Tianjin-Hebei region in China. Journal of Environmental Management, 250: 109527.

Zhang Y X, Zheng X Z, Jiang D Q, et al. 2022. The perceived effectiveness and hidden inequity of postpandemic fiscal stimuli. Proceedings of the National Academy of Sciences of the United States of America, 119(18): e2105006119.

Zhong C, Dong F L, Geng Y, et al. 2022. Toward carbon neutrality: the transition of the coal industrial chain in China. Frontiers in Environmental Science, 10: 962257.